ARBEITSGEMEINSCHAFT FÜR FORSCHUNG
DES LANDES NORDRHEIN-WESTFALEN

Gemeinsame Sitzung der geisteswissenschaftlichen und naturwissenschaftlichen Abteilung am 30. September 1959 in Düsseldorf

ARBEITSGEMEINSCHAFT FÜR FORSCHUNG
DES LANDES NORDRHEIN-WESTFALEN

HEFT 91

Franz Wever

Das Schwert in Mythos und Handwerk

Ernst Hermann Schulz

Über die Ergebnisse neuerer metallkundlicher Untersuchungen alter Eisenfunde und ihre Bedeutung für die Technik und die Archäologie

SPRINGER FACHMEDIEN WIESBADEN GMBH

ISBN 978-3-322-96156-3 ISBN 978-3-322-96294-2 (eBook)
DOI 10.1007/978-3-322-96294-2

Ursprünglich erschienen bei Westdeutscher Verlag, Köln und Opladen 1961

INHALT

Das Schwert in Mythos und Handwerk

Von Professor Dr. phil. *Franz Wever*, Düsseldorf-Kaiserswerth

Quis fuit, horrendos primus qui protulit enses?
quam ferus et vere ferreus ille fuit! *Tibull*

Auf einer Reise durch Japan im vergangenen Jahre wurden mir, wie es in diesem Lande schöne Sitte ist, zahlreiche kostbare Gastgeschenke überreicht, darunter als wertvollstes Geschenk von meinem Freunde *U. Hashimoto* ein Samurai-Schwert, vor mehr als 300 Jahren von dem bekannten japanischen Schwert-Schmied Nagasone Okisato Nyudo Kotetsu angefertigt, mit einem wundervollen Stichblatt und in einer kostbaren Lackscheide.

Das Samurai-Schwert ist das Symbol des Geistes des alten feudalen Japan, die Verkörperung des Bushido, des Ehrenkodex der Samurai, der Ausdruck ihrer Disziplin und der Treue zu ihrem Herrn. Es ist das vollkommenste Erzeugnis der hohen japanischen handwerklichen Überlieferung, das Ergebnis einer von Geschlecht zu Geschlecht weitergegebenen, von vielen Geheimnissen umwitterten Erfahrung von Handwerkern, die nichts weiter anstrebten als eine Vervollkommnung ihrer Kunst.

So bedeutet dieses Geschenk weit über seinen realen Wert hinaus ein einmaliges Zeichen der Zuneigung und der Freundschaft. Ich werde es immer hoch in Ehren halten.

Die hohe Einschätzung des Schwertes in Japan als Waffe und als Symbol findet eine vollkommene Parallele in der Wertschätzung, die das Schwert im ganzen geschichtlich überschaubaren westlichen Raume, und wohl am stärksten bei unseren germanischen Vorfahren gefunden hat. Auch bei unseren Vorfahren war das Schwert weit mehr als eine Gebrauchswaffe, weit mehr als andere Waffen der Gegenstand mythischer Vorstellungen und geheimnisvoller Gebräuche; ebenso wie in Japan war auch in unseren westlichen Ländern das Schwert Gegenstand höchster handwerklicher Kunst.

Diesen Zusammenhängen einmal in größerer Breite nachzugehen, schien mir nicht nur in hohem Maße aufschlußreich, sondern zugleich auch meinen japanischen Freunden gegenüber, nachdem diese mich des Besitzes eines ihrer kostbaren Schwerter wert erachtet hatten, die angemessene Antwort. Was ich heute hier vortragen kann, ist nur ein Auszug, in jeder Hinsicht unvollständig und der Ergänzung bedürftig. Es ist mein Wunsch, daß es mir gelingen möchte, damit Ihr Interesse anzuregen und von Ihnen weitere Anregungen zu erhalten.

I. Das Schwert im Mythos

Gen. 3 beschreibt der *Jahwist* die Vertreibung des ersten Menschenpaares Adam und Eva aus dem Paradiese; in der Übersetzung der Züricher Bibel: „Und er vertrieb den Menschen und ließ östlich vom Garten Eden die Cherube sich lagern und die Flamme des zuckenden Schwertes, den Weg zum Baum des Lebens zu bewachen [1].“ Keine Stelle scheint mir eindringlicher die Bedeutung des Schwertes als furchtbares Symbol der Macht, hier der Macht Gottes, zu belegen als diese.

Die Geschichte liefert uns Beispiel über Beispiel dafür, daß das Schwert von jeher das Zeichen der Manneswürde und das Symbol der königlichen Macht war. Als Zeichen der Macht wurde das Schwert dem Könige vorangetragen, es war das Symbol des königlichen Rechtes über Leben und Tod, wenn im Namen des Königs Recht gesprochen wurde. Nur der freie Mann durfte das Schwert tragen, nachdem die Volksversammlung ihn für waffenfähig erklärt hatte und die Verleihung der Waffe in feierlicher Handlung vollzogen war [2]. Bei *Tacitus* [3] finden wir beschrieben, wie sich die Jünglinge zum Schwerttanz vereinigen, sicher aus einem kultischen Zusammenhang, den wir nicht kennen.

Unerschöpflichen Stoff zu diesem Kapitel unseres Themas liefert die nordische Überlieferung, wie sie in der *Edda* und den *Island-Sagas* niedergelegt ist. Hier besitzt das Schwert eigene Persönlichkeit. Wie eine Person wird es mit Namen angeredet und erfüllt seine siegbringenden Eigenschaften nur dann, wenn es in den Händen eines Helden liegt, der seiner wert ist:

> „Ich gebe dir die Klinge auch,
> die kämpft von selbst,
> gewann sie ein Wissender [4].“

[1] Gen. 3, 24; in der Übersetzung der LXX: καὶ ἐξέβαλε τὸν Ἀδάμ, καὶ κατῴκισεν αὐτὸν ἀπέναντι τοῦ παραδείσου τῆς τρυφῆς. καὶ ἔταξε τὰ Χερουβὶμ καὶ τὴν φλογίνην ῥομφαίαν τὴν στρεφομένην φυλάσσειν τὴν ὁδὸν τοῦ ξύλου τῆς ζωῆς.

[2] *E. Wahle,* Deutsche Vorzeit, 2. Aufl. Basel 1952, S. 135 ff.

[3] *Tacitus,* Germania, XXIV.

[4] Freyr in der Skirnismǿl der Edda; Die Edda, übertragen von *Felix Gentzmer,* Jena o. J., S. 46.

Von dem Schwert Beowulfs ‚Hrunting' heißt es, es ließ im Kampfe den nicht im Stich, der es trug, wenn er es wagte, den gefahrstrotzenden Weg durch die feindlichen Heerscharen zu gehen [5]. Aber es kann auch geschehen, daß die Waffe den Dienst verweigert, wenn sie ihr Träger nicht in der rechten Weise zu nehmen weiß, wenn er ihr Heil nicht kennt und wenn er nicht die richtige Ehrfurcht vor ihr hat [6].

Das Schwert ist nicht Eigentum eines einzelnen Mannes, es ist das kostbare Kleinod einer Sippe, in der es vom Vater auf den Sohn vererbt wird. Dieser Sippe fühlt sich das Schwert zugehörig, nur in der Hand eines Sippengliedes entfaltet es seine siegbringenden Eigenschaften. Grettir erhält von seiner Mutter das köstliche Kleinod ihrer Sippe ‚Sippenknauf' mit den Worten: „Dieses Schwert besaß mein Ahnherr Jökul und die Leute des Seetals aus der alten Zeit, und es brachte ihnen den Sieg. Jetzt will ich dir das Schwert geben. Möchte es dir von Nutzen sein [7]."

Die siegbringenden Eigenschaften eines Schwertes sind jedoch nicht unüberwindlich, wenn es auf einen Gegner stößt, der über stärkere Zauber verfügt, als es selbst besitzt. So lesen wir in der Saga von den Leuten aus dem Seetal, daß *Jökul* einmal einer außergewöhnlichen Zauberkraft gegenüberstand. Er schlug zu, daß es splitterte, aber das Schwert biß nicht. Da betrachtete er verwundert sein Schwert: „Bist du vom Glück verlassen, Sippenknauf? [8]" Ebenso geschah es *Beowulf* im Kampf mit Grendels Mutter: zum ersten Male versagte sein Schwert, seine Siegeskraft war zu Ende [9]. In den Zauberliedern der *Edda* heißt es:

„Ein drittes kann ich, drängt mich die Not,
zu hemmen Haßgegner:
Stumpf mach ich den Stahl der Feinde,
nicht beißt ihre Waffe und Wehr [10]."

Aber es sind nicht nur siegbringende Eigenschaften, die dem Schwert anhaften. Das Schwert Tyrfing, von dem in der *Hervör-Saga* [11] immer wieder die Rede ist, war mit dem Fluch beladen, daß es seinen Träger zum Sippenmord zwang. Es ist siegreich, unüberwindlich und so schrecklich, daß schon

[5] *W. Grönbech,* Kultur und Religion der Germanen, 5. Aufl. Darmstadt 1954, Bd. II, S. 29.
[6] *W. Grönbech,* a. a. O., S. 30.
[7] Thule, Altnordische Dichtung und Prosa, Bd. V, Jena 1914, S. 42.
[8] Thule, Bd. X, Jena 1914, S. 56.
[9] Heyne-Schücking, Das Beowulflied, 12. Aufl. 1918.
[10] Die Edda, a. a. O., S. 123.
[11] *W. Grönbech,* a. a. O., S. 36/37.

die kleinste Wunde von ihm zum Tode führt. Aber es ist auch eigensinnig und duldet nicht, daß es zur unrechten Zeit aus der Scheide gezogen wird, und es geht nicht in die Scheide zurück, bevor es sich nicht an Blut sattgetrunken hat.

Diesen Eigenschaften des Schwertes entsprechen die Charaktere der Sippe, der es dient, von Angantyr bis zu Heidrek alles Kämpfer aus innerstem Zwang. Von Angantyr wird berichtet, daß er das Schwert mit in sein Grab nahm, ohne zu wissen, daß er Nachkommen hatte. Seine nachgeborene Tochter Hervör holt das Schwert wieder aus dem Grabe hervor, und schon muß es wieder seinen unheimlichen Willen durchsetzen: Hervör tötet den Mann, der die nackte Klinge sehen will, und durch diese Tötung wird sie gezwungen, die Heimat zu verlassen.

Nach Jahren gebiert sie König Höfund zwei Söhne. Als diese herangewachsen sind, übergibt sie dem jüngeren das Schwert, aber kaum ist es in dessen Hand, als es aus der Scheide hervorstürzt und zum Brudermord zwingt. So muß auch dieser Mann wieder in ein unstetes Leben hinaus. Das Schwert Tyrfing bringt ihn zu hohen Ehren und erobert ihm zuletzt ein Königreich, aber erst nachdem er seinen Schwiegervater getötet hat. Zuletzt wird er von seinen eigenen Knechten erschlagen, die das Schwert rauben. Aber die Rache ereilt sie bald, die Rächer bringen das Schwert heim als Zeichen der vollzogenen Rache[11].

Als kostbarstes Kleinod wird das Schwert dem toten Krieger mit in das Grab gelegt, und nicht ohne Widerstand geben die Toten die ihnen mitgegebenen Waffen heraus. Als *Midfjardarskeggi* in Hrolf Krakis Grabhügel eindringt, um das gute Schwert Sköfnung zu rauben, setzt sich der Gefolgsmann *Bödvar Bjarki,* der im gleichen Hügel beigesetzt ist, heftig zur Wehr, und er gibt erst dann seinen Widerstand auf, als der König ihm dies gebietet[12].

Welcher Zusammenhang besteht hier mit der Sitte, das dem Krieger in das Grab beigegebene Schwert zu verbiegen, wie sie uns durch zahlreiche Bodenfunde bestätigt ist (Abb. 1)[13]? Geschah diese Zerstörung, um die Waffe unbrauchbar zu machen und so das Grab vor Schändung zu schützen? Oder bestand hier ein symbolischer Zusammenhang, dessen Sinn wir heute nicht mehr zu erkennen vermögen; vielleicht, daß die Waffe als treuester

[12] Thule, Bd. XXI, Jena 1923, S. 306.

[13] *M. Jahn,* Die Bewaffnung der Germanen in der älteren Eisenzeit, Mannus-Bibliothek, hrsg. v. G. Kossina, Nr. 16, Würzburg 1916, S. 113.

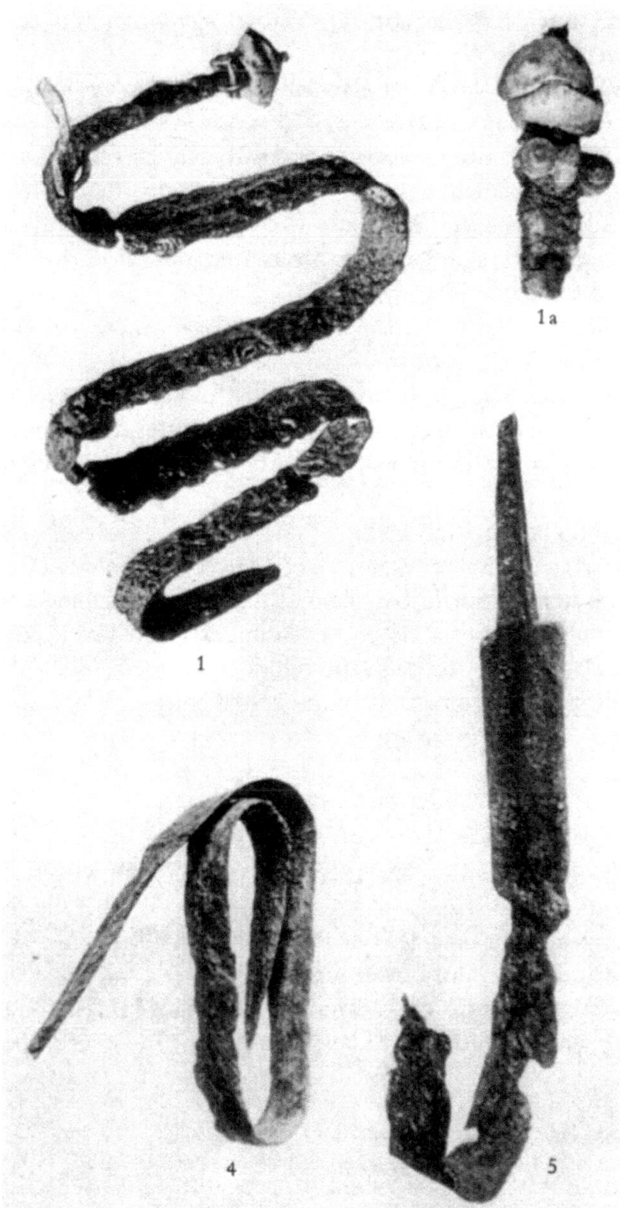

Abb. 1. Durch Verbiegen unbrauchbar gemachte Schwerter aus dem 1. Jahrhundert v. Chr. Fund von Hasefeld, Kr. Stade (nach Reinert)

Gefährte des toten Kriegers ebenfalls getötet werden mußte, damit sie ihrem Herrn folgen konnte [14]?

Die Vorstellungen von einer eigenen Seele des Schwertes finden wir noch im 11. Jahrhundert in der *kirchlichen Schwertweihe* erhalten [15]. Der Priester weiht das Schwert und segnet den jungen Ritter. Das Schwert soll, wie die Gebete kurz und bedeutungsvoll sagen, ein Schutz für die Kirche, für die Witwen und Waisen, ein Schrecken für die Heiden und alle seine Feinde sein. Es soll seinen Träger gegen die sichtbaren und unsichtbaren Feinde verteidigen und stets zum Siege führen.

Für die Waffen des nicht dem Ritterstande angehörenden Volkes gab es keine kirchlichen Weiheformeln, dafür aber *Waffensegen* in lateinischer oder deutscher Sprache. Diese sollten ihrem Inhalte nach sehr viel mehr leisten, als die kirchlichen Formeln, fremde Waffen machtlos, die eigenen aber kräftig machen. Meist enthielten sie abergläubische Wendungen oder kabbalistische Zeichen [16].

Von der gleichen Zeit ab begegnet das Schwert als *Attribut der Heiligen* in der deutschen Kunst, sei es um sie als Ritter und Soldaten, oder auch als Märtyrer zu kennzeichnen. Seit dem frühen 13. Jahrhundert wird es dem Apostel Paulus in dieser zweiten Bedeutung als Attribut beigegeben; es sei hier an das rechte der beiden Apostelbilder erinnert, die Albrecht Dürer 1526 dem Rat seiner Vaterstadt Nürnberg schenkte.

II. Die Schwertschmiede

Der geheimnisvolle Zauber, der das Schwert umwittert, konnte die Schwertschmiede nicht auslassen. So begegnen wir überall, daß auch die Schwertschmiede von einem Mythos umgeben sind, der sie weit über die Reihen der anderen Handwerker hinaushebt.

Bei den Römern war das Handwerk im ganzen wenig angesehen, es wurde auch vorwiegend von Sklaven ausgeübt. So ist uns über die hand-

[14] *E. Wahle*, a. a. O., S. 135.

[15] *A. Franz*, Die kirchlichen Benediktionen im Mittelalter, Freiburg/Br. 1909, Bd. II, S. 289: „Consecratio ensis. Exaudi, domine, quesumus, preces nostra, et hunc ensem, quo hic famulus tuus N. se circumcingi desiderat, maiestatis tua dextera benedicere dignare, quatinas defensio atque protectio possit esse ecclessiarum, vidarum, orphanorum omniumque deo serventium contra servitiam paganorum, aliisque sibi insidiantibus sit pavor, terror et formido."

[16] *A. Franz*, a. a. O., S. 229.

werkliche Tätigkeit der Schwertindustrie in den großen römischen Waffenfabriken nur wenig überliefert. Daß sie unter einem besonderen Gesetz standen, wissen wir aus dem Codex Theodosianus[17]. Diese Einstellung dem Handwerk gegenüber übertrug sich auch auf diejenigen germanischen Länder, die von den Römern längere oder kürzere Zeit besetzt waren. Dort drückte die geringe Achtung der Römer vor dem Handwerk auch den germanischen Schmied zum Unfreien herab, der als Hofschmied seinem Herrn hörig ist[18].

Ganz anders war das bei den Nordgermanen, die niemals mit dem römischen Kulturkreis in Berührung gekommen waren. Hier war es der Stolz des freien Mannes, sein Gerät selbst herzustellen und instand zu halten. Die Saga vom *Skalden Egil*[19] berichtet davon, wie stolz *Skallagrim,* der Vater Egils, auf seine Schmiedekunst war, wie er sich an der See, nicht weit vom Walde, eine Schmiede erbauen ließ und wie er sich selbst vom Meeresgrund einen Stein heraufholte, der hart genug war, daß er sein Eisen darauf schmieden konnte. „Der Stein liegt noch da und viel Schlacke daneben. Man sieht an dem Stein, daß er von oben abgeschlagen ist... Jetzt können ihn vier Männer nicht mehr heben.[20]"

Der Schmied trägt in der germanischen Frühzeit auch unheimliche Züge. Eindrucksvoll sind uns diese von *Wölund* in der *Vólundarkviþa der Edda*[21] und in einer Nacherzählung aus dem 13. Jahrhundert in der Isländischen *Thidreks-Saga* überliefert[22]. Wölund, selbst ein Abkömmling der Alben, lernt von diesen ihre unübertreffliche Schmiedekunst und wird dann in einem unauflöslichen Ränkegespinst zum Totschläger an seinen Lehrmeistern. Er freit eine Schwanenjungfrau und fällt schließlich *Nidung,* dem Njarenkönig, in die Hände.

In der viel breiter erzählenden Thidreks-Saga wird berichtet, wie Wölund vom König Nidung aufgefordert wird, ein Schwert zu schmieden: „Da ging Wölund in die Schmiede, setzte sich an die Arbeit und machte in sieben Tagen ein Schwert". Dann nahm er eine Wollflocke, warf sie in den Fluß und ließ sie mit dem Strome gegen die Schwertschneide treiben. Obwohl das

[17] Theodosiani libri XVI, hrsg. v. Th. Mommsen u. P. M. Meyer, Berlin 1904/05; s. auch *L. Beck,* Die Geschichte des Eisens in technischer und kulturgeschichtlicher Beziehung, Braunschweig 1884, 1. Abt., S. 504.

[18] O. *Johannsen,* Geschichte des Eisens, 3. Aufl., 1953, S. 67.

[19] Thule Bd. III, Jena 1923.

[20] Die Geschichte vom Skalden Egil, a. a. O., S. 91.

[21] Die Edda, a. a. O., S. 129 ff.

[22] Thule Bd. XXIII, Jena 1924, S. 121 ff.

Schwert die Wolle glatt durchschnitt, war es Wölund noch nicht gut genug: „Es ist noch nicht sonderlich gut, es soll noch viel besser werden, ehe ich aufhöre". Dann wird erzählt, wie Wölund eine Feile nimmt, das Schwert in Späne zerteilt, Mehl unter diese mischt und die Mischung zahmen Vögeln zu fressen gibt. Den Vogelkot tat er dann in die Esse, schmolz und glühte aus dem Eisen alles, was noch an Schlacke darin war, und daraus schmiedete er dann wieder ein Schwert. Dieses war schon viel besser als das erste, aber trotzdem wiederholte er noch einmal die Arbeit und machte ein Schwert, das war blank, mit Gold eingelegt und hatte einen schönen Knauf. Es war so scharf, daß es eine drei Fuß dicke Wollflocke zerschnitt, „ebenso glatt wie den Strom selbst".

Von den geheimnisvollen Kräften der Schmiede weiß auch die *Legende vom heiligen Eligius*[23] und der zweite der *Merseburger Zaubersprüche*[24]. Die Legende erzählt, daß Eligius einem störrischen Pferd, das sich nicht beschlagen lassen wollte, das Bein abschnitt, dieses beschlug und dann wieder einsetzte. Der zweite *Merseburger Spruch* ist ein Segen, der gegen Beinverrenkungen bei einem Pferde helfen soll. Dieser Glaube hat sich tief bis in die neue Zeit erhalten. Noch lange bestand der Brauch, daß die Schmiedegesellen in ihrem Meistereid schwören mußten, bei ihrem Handwerk keine Zauberei zu treiben[25].

Eine interessante Parallele hierzu – bemerkenswert, weil sie aus einem ganz anderen Kulturkreis kommt – finden wir bei *René Gardi* beschrieben[26]. Bei den *Makatam in den Mandara-Bergen Nordkameruns* nehmen die Eisenschmiede durch ihr Handwerk, weil es mit vielen magischen Handlungen verbunden ist, eine Führerstellung ein. Sie sind zugleich Schicksalsdeuter und Wahrsager, sie stellen das Orakel und verkehren mit den Geistern der Ahnen. Sie sind Vermittler zwischen Leben und Tod, ihre Frauen helfen bei der Geburt, und sie sind die Totengräber und die Leiter der Totenfeiern. Sie leben mit ihren Familien außerhalb der Gemeinschaft des Stammes, nur die Kinder von Schmieden können untereinander heiraten. Kein Makatam wird das Haus eines Schmiedes jemals freiwillig betreten, niemals wird er mit einem Schmied aus der gleichen Schale Wasser trinken oder Hirsebrei essen.

[23] O. *Johannsen*, a. a. O., S. 68.
[24] *J. Grimm*, Abh. d. Berliner Akademie, 1842.
[25] O. *Johannsen*, a. a. O., S. 187.
[26] *René Gardi*, Der schwarze Hephästus, Selbstverlag Bern 1954, S. 10 ff.

III. Das Schwert im Handwerk

1. Die Erzeugung des Eisens im Rennfeuer

Das Eisen kommt auf der Erde gediegen nur als *Meteoreisen* vor. Dieses Meteoreisen ist von jeher als eine große Kostbarkeit angesehen worden; es ist auch heute noch kostbar, nachdem *F. Paneth*[27] einen Weg angegeben hat, aus dem Verhältnis der in ihm enthaltenen Isotopen des Heliums genaue Bestimmungen des Alters unseres galaktischen Systems durchzuführen. Als frühester Eisenfund gelten Perlen aus Meteoreisen mit 7½ % Ni, die in Ägypten aus Gräbern der späten vordynastischen Zeit geborgen wurden[28].

Aber auch das tellurische Eisen ist uralt. In allen alten Hochkulturen finden sich bis in die frühesten Zeiten Spuren der Erzeugung und Verwendung von Eisen. Aus den Fugen der *Cheopspyramide,* die um 2900 v. Chr. erbaut wurde, wurde ein Messer geborgen, das aus nickelfreiem Eisen hergestellt ist und daher nicht aus Meteoreisen sein kann. Im Grabe des *Pharao Tut-ench-Amun,* 1350 v. Chr., wurden verschiedene eiserne Gegenstände gefunden, darunter im innersten Sarge, d. h. als große Kostbarkeit, ein Dolch mit eiserner Klinge und goldverziertem Griff[28].

Es liegt nicht im Rahmen dieses Berichtes, auf die Frage des Verhältnisses der verschiedenen Metallkulturen einzugehen, die die Menschheit nacheinander entwickelt hat, insbesondere auch nicht auf die Frage der Reihenfolge von Bronze- und Eisenzeit, und warum sich die Entwicklung der Eisentechnik anscheinend so langsam vollzogen hat. Es sei hier nur ein Brief erwähnt, den *W. Dörpfeld* im Juni 1917 an Geheimrat Fritz Wüst, Aachen, schrieb, nachdem er von dem Plane gehört hatte, ein Forschungsinstitut für Eisen zu gründen[29]:

„Aus der Denkschrift ersah ich auch, daß Sie eine historische Abteilung des Instituts in Aussicht genommen haben. Das hatte ich zwar als selbstverständlich angenommen, hielt es aber für nützlich, die Gründer der Anstalt auf die Erfahrungen hinzuweisen, die ich bei meiner Ausgrabungszeit in bezug auf das Eisen und seine Bedeutung für die Geschichte der Menschen und besonders auch der Deutschen habe sammeln können. Ihr Satz, daß die Geschichte des Eisens zugleich die Geschichte der Menschheit ist, hat meine volle Zustimmung. Bisher ist das aber von den meisten Altertumsforschern und Prähistorikern noch nicht genügend erkannt worden. Das neue Institut kann auch auf diesem Gebiete auf-

[27] Veröffentlichungen der Arbeitsgemeinschaft f. Forschung des Landes Nordrhein-Westfalen, Heft 67.

[28] O. *Johannsen,* a. a. O., S. 38.

[29] Briefwechsel *F. Wüst* in den Akten des Max-Planck-Instituts für Eisenforschung, Düsseldorf.

klärend und bahnbrechend wirken. Eisen ist sicher zuerst neben dem Stein als Gerät und Waffe benutzt worden, hat eine Zeitlang (im 2. Jahrtausend vor Chr.) der schöneren Bronze für Waffen weichen müssen und ist im 1. Jahrtausend wieder mehr in Gebrauch gekommen. Aber auch im 2. Jahrtausend war es neben der Bronze als Gerät allgemein im Gebrauch. Als Arbeitsgerät kennt es auch Homer für die Zeit der achäischen Könige. Er nennt es πολύκμητος[30], nicht weil es mühsam herzustellen ist, sondern weil es zu mühsamen Arbeiten diente; nicht die Herren, sondern der Ackerer und Hirte gebrauchten damals das Eisen (Ilias XXXIII, 835). So diente es auch in Ägypten im 2. Jahrtausend als Gerät.“

Barren von rohem Schmiedeeisen, beiderseits zugespitzt und wohl auch mit einem Loch zur Erleichterung der Beförderung versehen, bilden in der frühen Eisenzeit ein begehrtes Handelsobjekt und sind in Bodenfunden über dem ganzen Mittelmeerkreis und weit darüber hinaus nachgewiesen. In der Residenz des *Assyrierkönigs Sargon, Chorsabad,* 16 km nördlich von Ninive, 1842 bis 1844 von *Botta* und 1852 bis 1855 von *Place* ausgegraben, haben sich solche Luppen von insgesamt 160 t Gewicht gefunden (Abbildung 2)[31].

Wie ist nun dieses Eisen erschmolzen worden? Nach zahlreichen Bodenfunden müssen wir annehmen, daß dabei überall das *Rennfeuer* angewandt wurde. Abbildung 3 zeigt einen Latène-zeitlichen Eisenrennofen aus dem *Siegerland* nach *W. Gilles*[32], der sich um die Aufklärung der Eisenerzeugung bei unseren deutschen Vorfahren mit großem Erfolg bemüht hat. Abbildung 4 zeigt einen Rennofen von *Salzgitter-Lobmachtersen,* nach *G. Stelzer*[33], durch einen Silberdenar aus der Zeit des Kaisers Trajan, 98 bis 117, sehr genau bestimmt, Abbildung 5 denselben Ofen im Schnitt. Überraschend ist die Übereinstimmung mit einem Ofen bei *Kestor Rock, Shagford,* östlich von Dartmoor in Devonshire, Abbildung 6, den *H. R. Schubert*[34] beschrieben hat.

In diesen Öfen wurden durch die Latène-Hüttenleute die überall anstehenden Eisenerze mit Holzkohle reduziert. Den dazu notwendigen Zug lieferte der Hang- oder Talwind und erst in einer späteren Zeit ein Gebläse. Ein Schwerpunkt dieser frühen Eisenerzeugung war das Siegerland, wo Hunderte von alten Schmelzstätten aufgedeckt werden konnten[35].

[30] πολύκμητος, Beiwort des Eisens, das schwieriger als das früher im Gebrauch häufigere Kupfer zu bearbeiten ist: Mit viel Mühe oder Sorgfalt gemacht, bearbeitet: *W. Pape,* Griechisch-deutsches Handwörterbuch, Nachdruck der 3. Aufl., Akad. Druck- u. Verlagsanstalt, Graz-Austria, 1954, Bd. II, S. 664.

[31] Place, Ninive et l'Assyrie, Paris 1866/69; O. *Johannsen,* a. a. O., S. 41.

[32] Stahl u. Eisen, 56 (1936), S. 252/63.

[33] Stahl u. Eisen, 79 (1959), S. 1201/06, s. auch *Osann,* ebenda S. 1206/11.

[34] History of the British Iron and Steel Industry from c. 450 B. C. to A. D. 1775, London 1957, S. 20.

[35] *W. Gilles,* a. a. O.

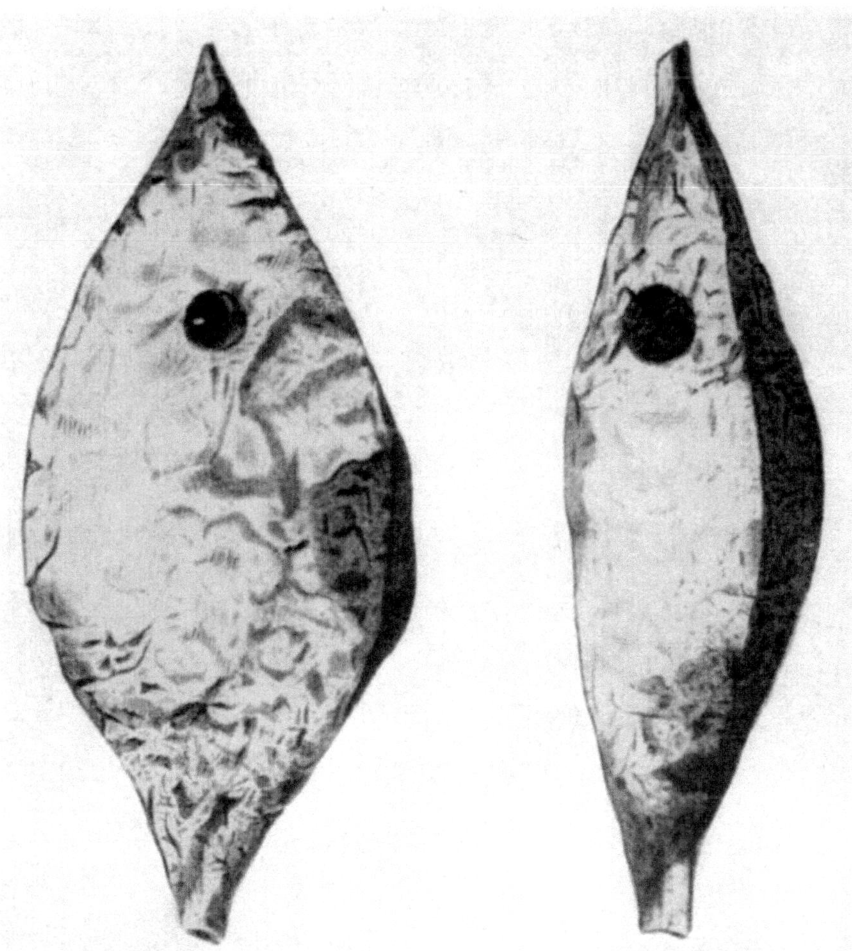

Abb. 2. Spitzluppen von Chorsabad, etwa 700 v. Chr. (nach Johannsen)

Eine technisch vervollkommnete Form des Rennfeuers mit künstlichem Zug ist heute noch bei den *Makatam in Kamerun* in Gebrauch [36]. Der Rennofen der Makatam ist mit einem Windrohr versehen, das von oben eingehängt wird und durch die Beschickung hindurch bis auf die Ofensohle hinabreicht. Durch dieses Rohr wird mit Handbälgen Luft eingeblasen. Das Rohr wird während des Ofenganges verschlackt und muß zu jeder Schmelze neu eingesetzt werden.

[36] *René Gardi*, a. a. O.

Abb. 3. Latène-zeitlicher Eisenrennofen in der Engsbach bei Achenbach, Kr. Siegen (nach Gilles)

Abb. 4. Rennofen von Salzgitter-Lohmachtersen nach der Bergung (nach G. Stelzer)

Abbildung 7 zeigt den Ofen während des Zustellens. Das Luftrohr ist eingesetzt, die Ofenbrust wird gerade mit Lehm zugemauert. Der Ofen wird dann mit Holzkohle heiß geblasen. Vor dem Setzen des ersten Erzes wird ein Hahn getötet und das Blut über dem Ofenkragen verspritzt. Aus den Bewegungen des verendenden Tieres wird geurteilt, ob die Gottheit das Opfer angenommen hat und die Schmelzung erfolgreich sein wird (Abb. 8). Dann wird in regelmäßigen Abständen Erz und Holzkohle nachgefüllt. Nach 24 Stunden wird das Blasen eingestellt, die Ofenbrust aufgebrochen und die Luppe aus dem Ofen herausgezogen (Abb. 9).

Schließlich wird die Luppe, eine zusammengebackene Mischung von Eisenteilchen, unreduziertem Erz, unverbrannter Kohle und Schlacke, zerschlagen (Abbildung 10). Die Eisenteilchen werden ausgelesen (Abbildung 11), in einem tassengroßen Tontiegel gesammelt, mit Lehmbrei zum Schutz gegen Oxydation zugedeckt, in einer Esse erhitzt und zu einem Klumpen zusammengeschweißt, der dann weiter ausgeschmiedet wird (Abb. 12).

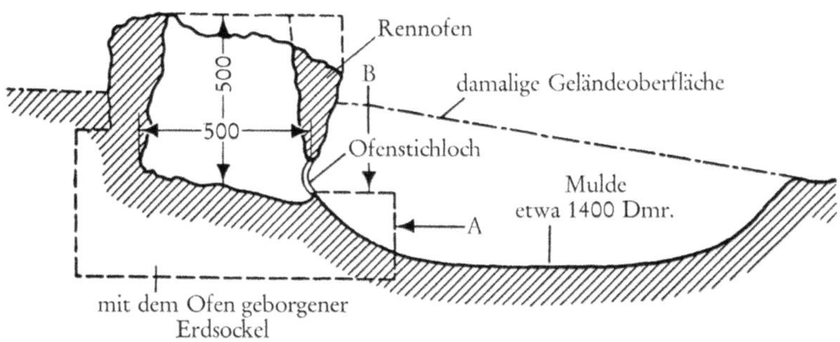

Abb. 5. Rennofen von Salzgitter-Lohmachtersen im Schnitt (nach B. Osam)

Die Aufnahmen von *René Gardi* sind deswegen so bedeutungsvoll, weil sie die Spanne von rd. 2000 Jahren von der Latène-Zeit bis auf den heutigen Tag in einer einmaligen Zeitraffung überbrücken und uns am lebendigen Beispiel zeigen, was wir für jene ferne Zeit mühsam aus den Bodenfunden rekonstruieren.

Was geschieht nun im Rennfeuer unter der Einwirkung der Kohle und deren Verbrennungsgase, Kohlenmonoxyd und Kohlendioxyd, auf die Oxyde des Eisens? Eine sehr gründliche Untersuchung dieser Vorgänge hat *E. Schürmann* kürzlich in „Stahl und Eisen“ veröffentlicht[37].

Nach den vorgefundenen Erzresten wurde in den deutschen und insbesondere in den Siegerländer Rennfeuern in der Hauptsache Raseneisenerz oder Brauneisenerz verhüttet. Bei diesem Erz, das das Eisen als dreiwertiges Oxyd Fe_2O_3 enthält, findet bei niedrigeren Temperaturen ein teilweiser Abbau des Sauerstoffs zu Eisenoxyduloxyd Fe_3O_4, Magnetit, und erst bei höheren Temperaturen ein Abbau zu dem sauerstoffärmsten Oxyd FeO, Wüstit, statt, bevor metallisches Eisen entsteht. Dieses Eisen bildet sich örtlich in größeren oder kleineren Kristallen, die mit dem Verbrauch der Holzkohle zu größeren Kristallen zusammenwachsen und schließlich, nachdem die Temperatur so hoch gestiegen ist, daß sich eine flüssige, silikatische Schlacke abtrennen kann, auf der Sohle des Ofens zu einer Luppe zusammenschweißen. Bei der Reduktion nimmt das Eisen Kohlenstoff auf, oberhalb 900° als γ-Eisen mehr, im α-Zustand unterhalb 900° nur sehr wenig.

Das reduzierte Eisen unterliegt im Rennfeuer *zwei entgegengesetzten Einflüssen:* Auf der einen Seite sind die Reduktionsgase und der Kohlenstoff bestrebt, im reduzierten Eisen diejenigen höheren Kohlenstoffgehalte einzu-

[37] Stahl u. Eisen, 78 (1958), S. 1297/1308.

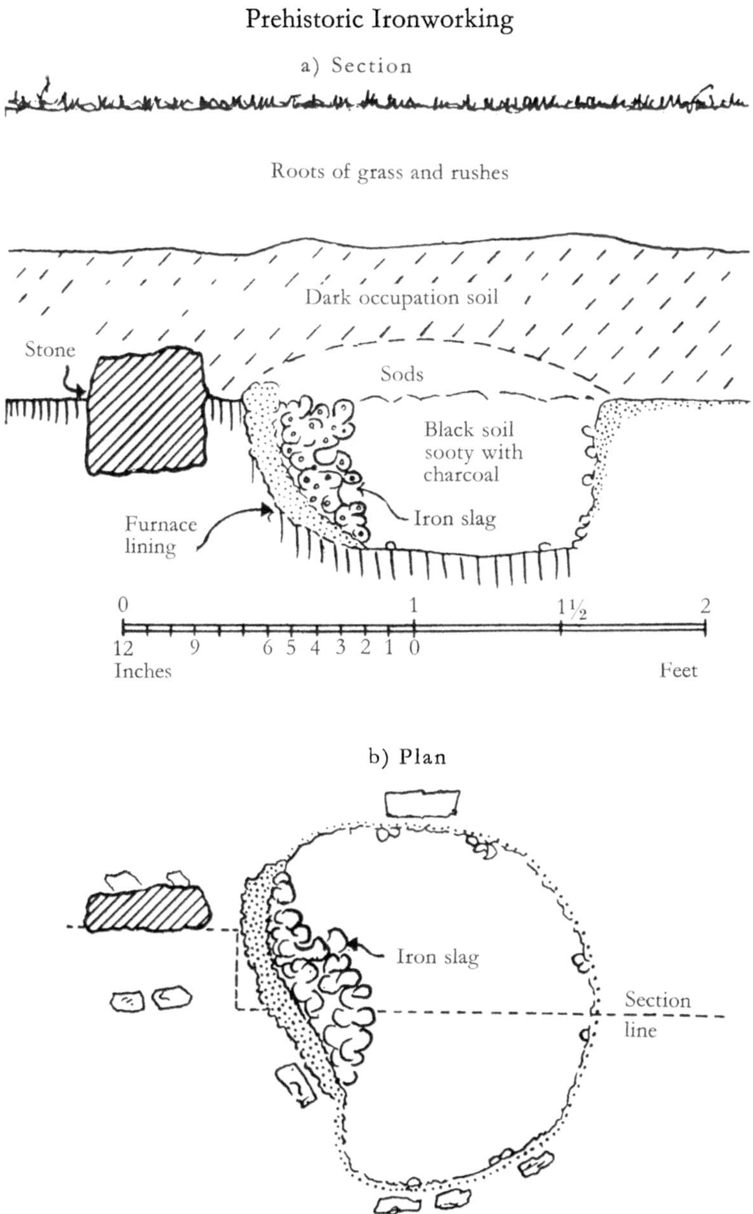

Abb. 6. Eisenrennofen bei Round Pound, in der Nähe von Kestor Rock, (nach Schubert)

Abb. 7. Eisenbereitung bei den Makatam; Reduktionsofen während des Zustellens (nach Gardi)

Abb. 8. Eisenbereitung bei den Makatam; Opfer vor dem Erzsetzen (nach Gardi)

Abb. 9. Eisenbereitung bei den Makatam; Ziehen der Luppe (nach Gardi)

stellen, die dem Gleichgewicht mit ihnen entsprechen. Anderseits bewirken die noch nicht reduzierten Eisenoxyde eine Oxydation des im Eisen gelösten Kohlenstoffs bis zu den sehr viel niedrigeren Werten, mit denen sie im Gleichgewicht sind. Dabei wird der Einfluß der noch nicht reduzierten Erze so lange überwiegen, als diese noch in großem Überschuß vorhanden sind. Anderseits werden aber die Gase und der Kohlenstoff die Oberhand gewinnen, sobald die Reduktion weiter fortgeschritten und nur noch wenig

Abb. 10. Eisenbereitung bei den Makatam; Zerkleinerung der Luppe (nach Gardi)

Abb. 11. Eisenbereitung bei den Makatam; Beschicken der Tiegel (nach Gardi)

Oxyd, dagegen aber verhältnismäßig viel Kohlenstoff in der Beschickung vorhanden ist. Der Kohlenstoffgehalt des reduzierten Eisens wird demnach um so größer sein, je höher das Eisenausbringen liegt, und wird die Kohlenstoffsättigung erreichen, wenn das Erz zu 100 % reduziert ist. Das ist im modernen Hochofen der Fall, der bei nur noch rd. 1 % Eisen in der Schlacke ein an Kohlenstoff gesättigtes Roheisen mit rd. 4 % C liefert. Bei der Reduktion im Rennfeuer ist dagegen das Eisenausbringen stets sehr niedrig

Abb. 12. Eisenbereitung bei den Makatam; Schmieden einer Sichel (nach Gardi)

und der Gehalt der Schlacke an Eisenoxyd sehr hoch. So bleibt auch der Kohlenstoffgehalt des Rennfeuereisens niedrig, wichtig ist aber zu wissen, daß er je nach den Betriebsbedingungen in weiten Grenzen schwanken kann.

Was mit dieser Darstellung verdeutlicht werden sollte, ist einmal, daß die Reduktion der überall auf der Erde vorhandenen Eisenerze mit einfachsten Mitteln möglich ist. Diese Reduktion liefert anderseits kein reines Metall mit immer gleichen Eigenschaften, vielmehr eine Legierung des Eisens mit Kohlenstoff, und zwar mit sehr ungleichmäßigem Kohlenstoffgehalt, was gleichbedeutend ist mit sehr unterschiedlichen Gebrauchseigenschaften. Von den Begleitelementen der Erze, die bei der Reduktion zum kleineren oder größeren Teil mit in das Eisen übergehen, ist dabei noch ganz abgesehen.

Und trotzdem haben die Menschen es verstanden, aus diesem Rohstoff Kunstwerke von eindrucksvoller Größe zu schaffen. Hier sei nur an die schmiedeeiserne Säule im Hof der *Kuwat-ul-Islam-Moschee in Delhi* erinnert, eine Säule von 400 mm Durchmesser bei 7,5 m Länge und einem Gewicht von rd. 6000 kg, die in der Zeit zwischen 330 und 380 n. Chr. mit Handhämmern aus einzelnen Luppen zusammengeschweißt worden ist (Abbildung 13)[38].

2. Schwerter aus kohlenstoffarmem Eisen

Schwerter aus kohlenstoffarmem, nicht härtbarem Rennfeuereisen als Vorstufe zu den Schwertern aus gehärtetem Stahl begegnen uns überraschend oft. *Cäsar* berichtet im Gallischen Krieg[39], die gallischen Schwerter seien aus so weichem Eisen hergestellt, daß sie nach zwei bis drei Hieben krummgebogen waren und erst wieder unter dem Fuß geradegerichtet werden mußten. Das nimmt sehr wunder, denn aus zahlreichen Bodenfunden geht hervor, daß die Gallier ebenso wie die Römer die Kunst der Stahlbereitung, des Schweißens und des Härtens seit alten Zeiten kannten. Damit mag andererseits zusammenhängen, daß neben den erwähnten Spitzbarren aus vorgeschmiedetem Eisen als Handelsobjekt auch langgestreckte Barren mit einer Angel an einem Ende auftreten, ähnlich einem vorgeschmiedeten Schwert[40], so vor allem in Südengland, wo große Mengen dieser Barren gefunden wurden (Abbildung 14). Vielleicht sind das die von Cäsar erwähnten Eisenbarren, die als Geld dienten[41]. Diese Geldbarren wurden als Tauschobjekt für Getreide gehandelt und schließlich zu Gebrauchsgegenständen, sicher auch zu Schwertern, verarbeitet[42].

Die gleiche Bemerkung von den Schwertern, die sich im Kampfe verbiegen, findet sich auch noch sehr viel später in den Isländischen Sagas. So heißt es in der Geschichte von *Kjartan Olafsson*[43], als es zum Entscheidungskampf mit der Sippe seiner Frau gekommen war: „Er hieb gewaltig, aber sein Schwert taugte nicht. Er mußte es immer zwischenein unter dem Fuß

[38] *R. Hadfield,* J. Iron Steel Inst. 85 (1912), S. 134/86.

[39] Caesar, De Bello Gallico I, 40.

[40] *H. R. Schubert,* a. a. O., S. 11.

[41] Caesar, a. a. O., V. 12: Utuntur aut aere aut taleis ferreis ad certum pondus examinitis pro nummo.

[42] *H. R. Schubert,* a. a. O., S. 11.

[43] Thule, Bd. VI; *A. Bonus,* Isländerbuch, München 1935, S. 228 ff.

Abb. 13. Schmiedeeiserne Säule von Delhi, etwa 350 n. Chr. (nach Hadfield)

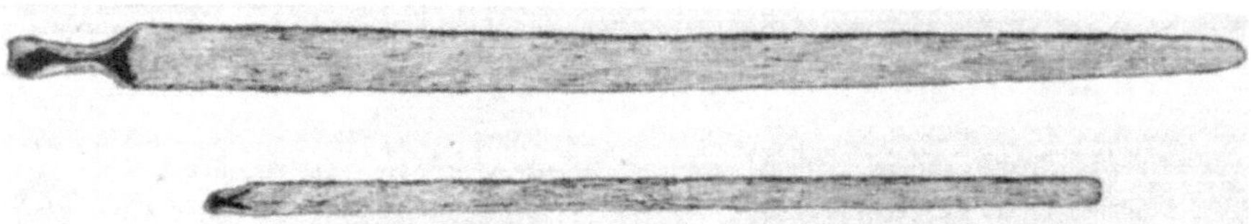

Abb. 14. Eiserner Geldbarren von Dorsetshire (nach Schubert)

geradebiegen, bis er die Todeswunde empfing". Ebenso berichtet auch *R. Pleiner*[44] in einer Untersuchung vor- und frühgeschichtlicher eiserner Gegenstände aus der Tschechoslowakei, daß er unter den Latène-zeitlichen Gegenständen aus Eisen neben Schwertern, die durch Zusammenschweißen von eisernen und stählernen Lamellen oder durch Aufkohlen und Abschrecken hergestellt worden waren, auch sehr weiche Schwerter gefunden hätte, die aus reinem Eisen geschmiedet waren.

Den bemerkenswerten Fall eines Schwertes, das bei hervorragender Fertigungstechnik nur mit einer nicht einmal besonders guten Klinge aus weichem Eisen ausgestattet ist, hat kürzlich *F. K. Naumann* beschrieben[45]. Dieser Bericht ist insofern besonders aufschlußreich, als er zeigt, was mit neuzeitlichen Untersuchungsmitteln geleistet werden kann, selbst wenn der heute noch vielfach von den Museen vertretene Standpunkt voll aufrechterhalten bleibt, daß die Fundstücke bei einer Untersuchung unter keinen Umständen in ihrer Substanz beeinträchtigt werden dürfen.

In *Luristan in Nordsyrien* sind neben Kurzschwertern aus Bronze auch eiserne Schwerter gefunden worden, die etwa aus der Mitte des 7. Jahrhunderts v. Chr. stammen sollen. Heft und Knauf dieser heute in vielen Museen vertretenen Waffen sind reich verziert, was *H. Potratz*[46] zu dem erst vorsichtig, dann aber immer bestimmter ausgesprochenen Schluß veranlaßt, daß diese Waffen durch Gießen hergestellt sein müßten. Falls sich dieser Schluß bestätigte, würde den Luristan-Schwertern im Hinblick auf die Geschichte des Gußeisens erhebliche Bedeutung zukommen.

Das von Naumann untersuchte Schwert wurde vom *Hamburger Museum für Kunst und Gewerbe* zur Verfügung gestellt (Abbildung 15). Bei einer Gesamtlänge von 43 cm beträgt die Länge der Klinge 26 cm; der Griff hat am oberen Ende einen kreisrunden Knauf mit zwei nach außen blickenden bärtigen Männerköpfen.

[44] Stahl u. Eisen 79 (1959), S. 294/98.
[45] Arch. Eisenhüttenw. 28 (1957), S. 575/81.
[46] Z. Assyriol. u. vorderasiat. Archäol. N. F. 17 (1955), S. 180/224.

Einen überraschenden Einblick in den Aufbau des Schwertes gewährt die *Durchstrahlung* mit der sehr harten Röntgenstrahlung des Iridium-Isotops Ir 192 (Abbildung 16). Das Schwert besteht danach aus einer großen Anzahl von Einzelteilen, die durch Vernieten und Verschweißen miteinander verbunden sind. Es ist sicher nicht gegossen.

Es wurde weiter überprüft, ob Einzelteile des Schwertes, insbesondere die Köpfe, die den Knauf schmücken, aus Gußeisen bestehen. Dazu wurden im Einverständnis mit dem Besitzer *metallographische Untersuchungen* nach einem eigens für diesen Zweck entwickelten Mikroverfahren durchgeführt. Abbildung 17 zeigt eine Schliffstelle; sie soll deutlich machen, daß der erforderliche Eingriff nur geringfügig ist und den musealen Wert des Stückes in keiner Weise beeinträchtigt. Abbildung 18 gibt die so erhaltene Gefügeaufnahme von einer der Figuren am Knauf wieder. Diese Figur besteht danach nicht aus Gußeisen, sondern aus einem geschmiedeten Schweißeisen mit sehr niedrigem Kohlenstoffgehalt und zahlreichen Schlackeneinschlüssen.

Besonders eindrucksvoll ist das Ergebnis einer Untersuchung der Klinge, zu der der Eigentümer unter dem Eindruck der besprochenen Ergebnisse nachträglich seine Zustimmung gab. Hierzu wurde ein etwa 5 × 10 mm großes Stück mit der Säge aus der Mitte der Klinge herausgeschnitten, die Lage der Prüfstelle ist aus Abbildung 15 zu ersehen. Abbildung 19 zeigt die Gefügeschliffe von Oberfläche zu Oberfläche in Längs- und Querrichtung der Klinge, das ist das kennzeichnende Gefüge von Schweißstahl mit Lagen verschiedenen Kohlenstoffgehaltes und vielen groben Schlackeneinschlüssen. Die in den Abbildungen links liegende Schicht hat etwa 0,2 % C. Der Ferrit ist in Form von Nadeln oder Platten ausgeschieden, was darauf hindeutet, daß die Klinge in einem früheren Arbeitsgang hoch erhitzt und schnell abgekühlt worden ist. Der Perlit ist kugelig zusammengeballt, die letzte Bearbeitung der Klinge ist demnach bei verhältnismäßig niedriger Temperatur, auf jeden Fall unter 700°, erfolgt. Die andere Seite, in den Abbildungen rechts, ist sehr kohlenstoffarm und besteht aus einem grobkörnig rekristallisierten Ferrit mit sehr wenig Perlit. Besonders diese Zone ist mit vielen groben Einschlüssen von silikatischer Schweißschlacke durchsetzt. Die Klinge ist offenbar im Rekristallisationsgebiet, unterhalb 700°, fertig geschmiedet worden. Sie ist im ganzen, z. B. im Vergleich mit den Nydam-Schwertern, von denen noch die Rede sein wird, sehr kunstlos hergestellt.

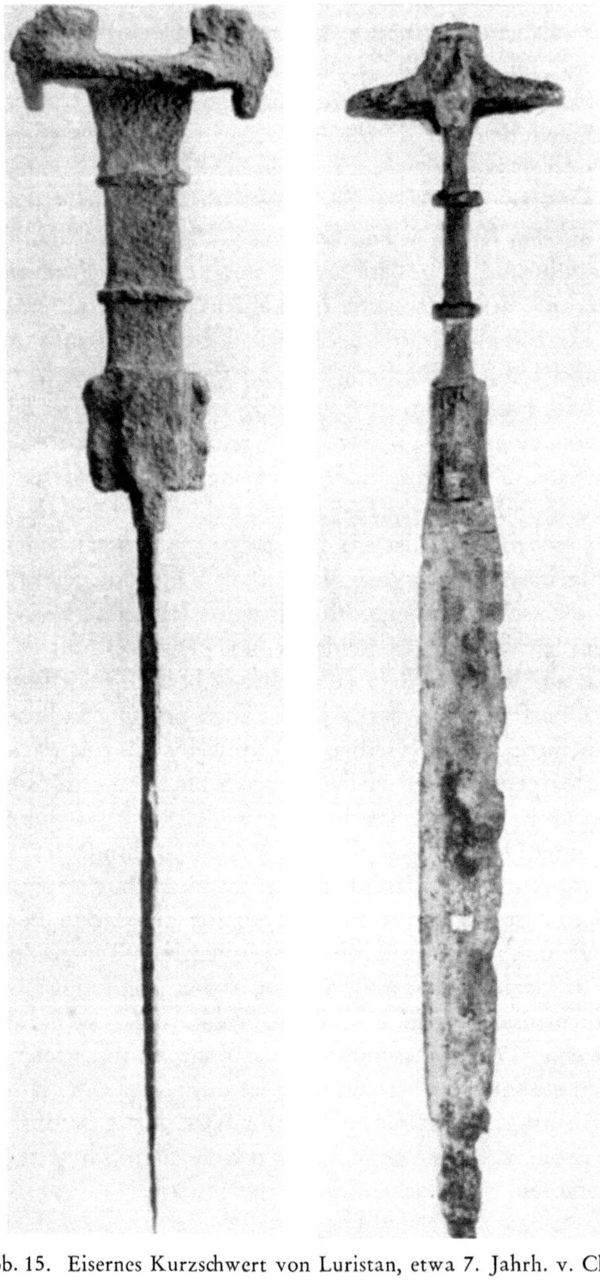

Abb. 15. Eisernes Kurzschwert von Luristan, etwa 7. Jahrh. v. Chr. (nach Naumann)

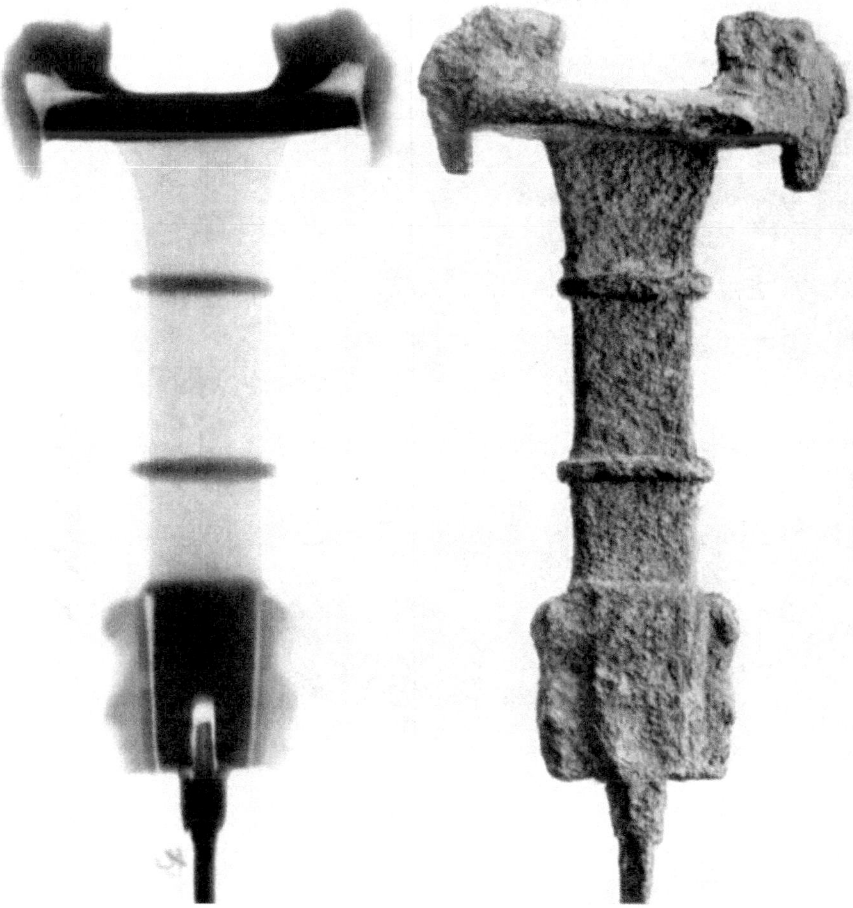

Abb. 16. Kurzschwert von Luristan; Ansicht und Durchstrahlung von der Breitseite des Griffes (nach Naumann)

3. Verbesserung des Rennfeuereisens durch Umschmelzen; Schwerter aus echtem Damast

In Indien finden sich, bis in die Zeit um 600 v. Chr. zurückreichend, als Grabbeigaben Luppen eines hochkohlenstoffhaltigen Stahles, des *Wooz-Stahles.* Dieser Stahl ist der Rohstoff für die berühmten Schwerter aus echtem Damast.

Abb. 17. Kurzschwert von Luristan; Schliffstelle am Knauf (nach Naumann)

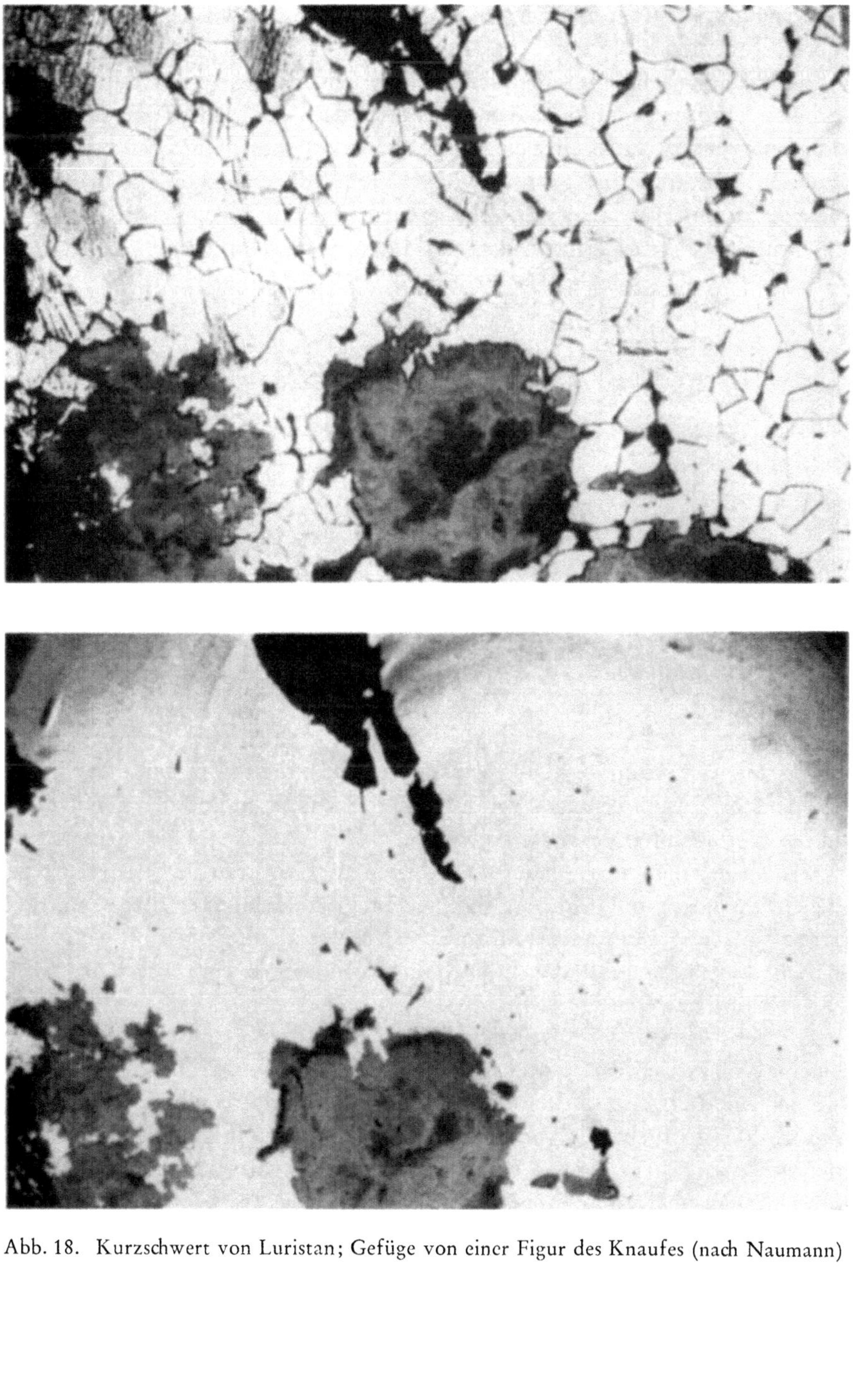

Abb. 18. Kurzschwert von Luristan; Gefüge von einer Figur des Knaufes (nach Naumann)

Der Hauptdistrikt, in dem der Wooz-Stahl erzeugt wurde, ist Salem nahe der Koromandelküste und Kutsch an der Westküste von Vorderindien. Die Stahlerzeugung erfolgte hier von der Eisengewinnung getrennt. Die Stahlarbeiter kauften Rohluppen von Rennfeuereisen von den Schmieden. Diese Luppen wurden zu Knüppeln ausgeschmiedet, diese Knüppel zu kurzen Stücken gebrochen und zusammen mit Holz oder Holzkohle in Tontiegel eingesetzt und in einem Holzkohlefeuer mit Hilfe eines Gebläses etwa 24 Stunden so hoch erhitzt, daß das Eisen unter Aufnahme von Kohlen-

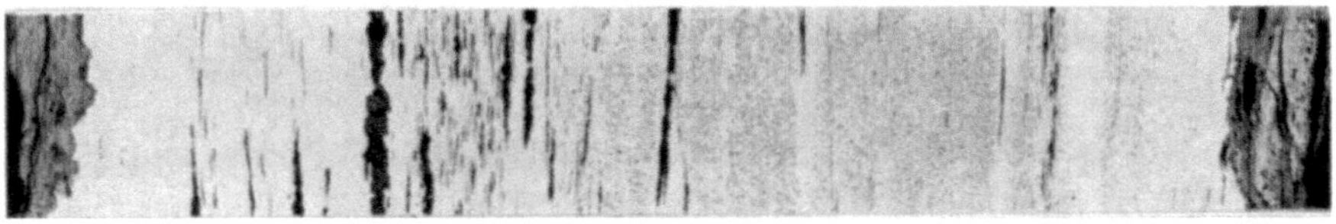

Längsschliff

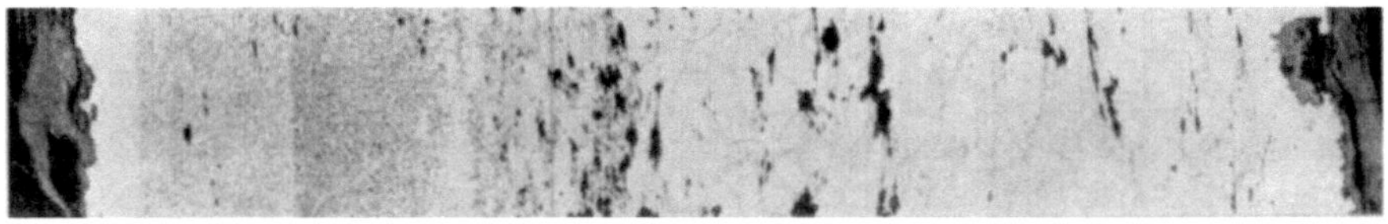

Querschliff

Abb. 19. Kurzschwert von Luristan; Gefüge der Klinge in Längs- und Querschliff (nach Naumann)

stoff teilweise schmolz. Die Kunst der Stahlarbeiter bestand darin, die Kohlenstoffaufnahme durch Verändern der Schmelzzeit und der Temperatur in den gewünschten Grenzen zu halten.

Daneben sollen noch andere Verfahren in Gebrauch gewesen sein, bei denen Eisenerze mit Graphit in Tiegeln zusammengeschmolzen wurden. Diese Verfahren verlangen reinste Erze, die vor allem keinen Schwefel enthalten dürfen, sie sind daher anscheinend nur in beschränktem Umfange in Gebrauch gewesen [47].

Bei der weiteren Verarbeitung wurden die Rohlinge aus Wooz-Stahl in einem Holzkohlenfeuer unter starkem Luftüberschuß erhitzt. Dabei tritt wieder eine teilweise Entkohlung ein, die den Stahl erst schmiedbar macht. Der Kohlenstoffgehalt bleibt aber immer verhältnismäßig hoch, das Schmieden verlangt daher in jedem Falle große Vorsicht, vor allem muß dabei jede Überhitzung über 700 bis 750° vermieden werden. Im Gefüge der fertigen

[47] *N. T. Belaiew,* Metallurgie 8 (1911), S. 449/56.

Klinge liegen Bereiche sehr unterschiedlicher Kohlenstoffgehalte nebeneinander, und beim Ätzen mit Vitriol oder organischen Säuren entsteht das „Wasser“ der echten Damastklinge.

In Abbildung 20 sind zwei sehr schöne Klingen aus echtem persischem Damast wiedergegeben[48]. Die Musterung ist verschieden, je nach dem Verformungsgang, der beim Schmieden eingehalten wurde. Die untere Abbildung zeigt eine Klinge mit einer Quermaserung, die sich in regelmäßigen Abständen wiederholt, Mohammedsleiter genannt. Diese Musterung ist vermutlich dadurch erzeugt, daß die rohe Klinge vor dem Fertigschmieden in gleichmäßigen Abständen der Querrichtung eingesenkt wurde. Das Deutsche Klingenmuseum in Solingen-Gräfrath besitzt einen sehr schönen Krummsäbel aus echtem indischem Damast.

Der Wooz-Stahl wurde als Rohstoff für die Klingenfertigung bis in das Mittelalter hinein nach Syrien und Ägypten, vielleicht auch nach China und nach Japan gebracht. In Damaskus wurden aus diesem Stahl die Klingen gefertigt, deren Ruf sich durch die Kreuzritter über ganz Europa verbreitete. Diese Technik hat sich bis in das 17. Jahrhundert erhalten, und ist dann erst durch die moderne Erzeugung des Gußstahls verdrängt worden.

Um eine Nachahmung des echten Damast haben sich die europäischen Metallurgen immer wieder bemüht, so 1823 *Bréant*[49] in Frankreich und einige Zeit später *Annosow*[50] in Rußland, allerdings ohne eigentlichen Erfolg. Auch in Solingen wurden Versuche unternommen, so bei der Fa. J. A. Henckels Zwillingswerk, die noch im Besitz von Mustern aus dieser Zeit ist[51].

4. Verbesserung des Rennfeuereisens durch Gärben; der künstliche Damast

Wesentlich größere Verbreitung hat ein anderes Verfahren zur Verbesserung des Rennfeuereisens in Verbindung mit seiner Verwendung für die Herstellung von Schwertern gefunden, das *Gärben oder Raffinieren.* Spuren dieses Verfahrens finden sich bereits in frühester Zeit. Es hat sich wegen der guten Eigenschaften des Raffinierstahles bis weit in die Zeit des Flußstahles erhalten und wurde noch zu Beginn dieses Jahrhunderts, z. B. in

[48] *C. Stanley Smith,* Endeavour 16 (1957), S. 199/208.
[49] Bull. Soc. Enc. Ind. Nat., Paris, 22 (1823) S. 222.
[50] *N. T. Belaiew,* Metallurgie a. a. O.; Metallurgie 9 (1911), S. 699/704.
[51] Nach persönl. Mitteilung von Dr.-Ing. C. Ebbefeld, Solingen.

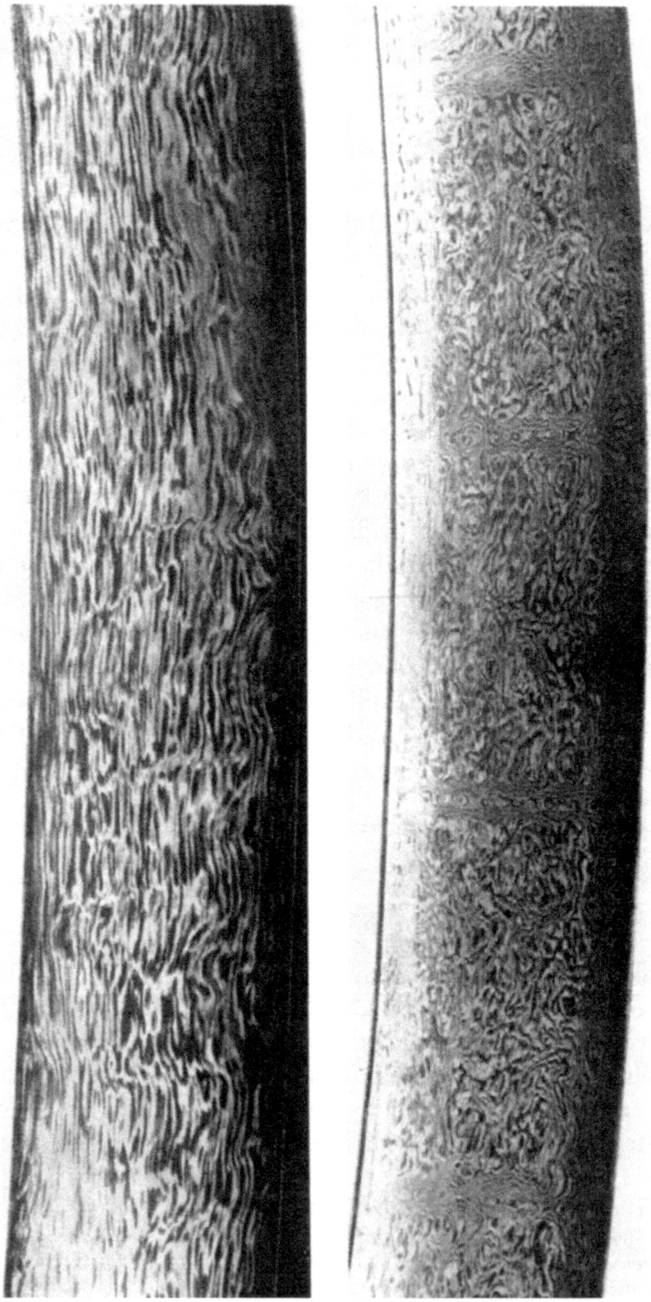

Abb. 20. Persische Schwertklingen aus echtem Damaststahl (nach Smith)

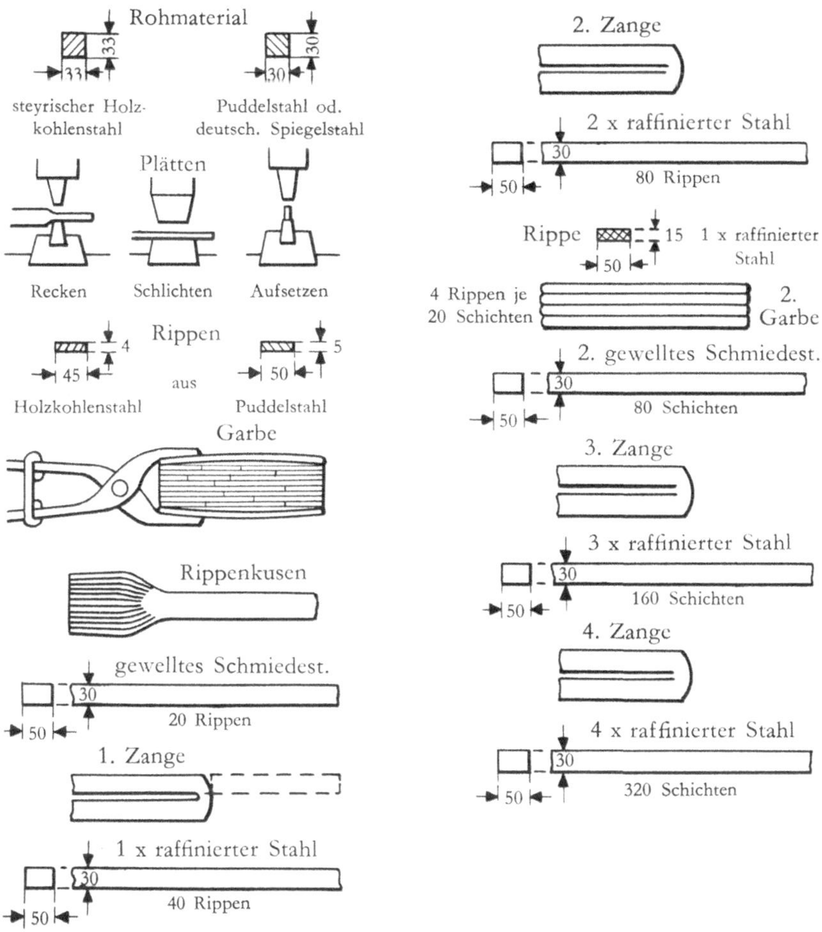

Abb. 21. Herstellung von Raffinierstahl in Solingen (nach Sommer)

Remscheid, gewerbsmäßig betrieben. Eine ausführliche Beschreibung dieses Verfahrens finden wir bei *F. Sommer*[52], Bei diesem Verfahren werden Rippen von 40 bis 50 mm Breite und 4 bis 5 mm Stärke aus Holzkohlenstahl bis zu 20 abwechselnd mit weichem Puddeleisen aufeinandergeschichtet und unter einem Hammer zu einem „Rippenkusen" von 50 × 30 mm ausgeschmiedet (Abbildung 21). Noch in der Rotwärme wird in der Mitte eine Kerbe eingeschlagen, beide Hälften werden zusammengebogen, zusammengeschweißt und wieder auf 50 × 30 mm ausgeschmiedet. Das ist

[52] Mitt. K. W. I. Eisenforsch. 5 (1924), S. 127/42.

dann der einmal raffinierte Stahl. Das Falten und Recken wird in der gleichen Weise fortgesetzt, der viermal raffinierte Stahl besteht so aus 320 Schichten von abwechselnd kohlenstoffarmem Puddeleisen und kohlenstoffreichem Holzkohlenstahl.

Der Sinn des Verfahrens ist hier, durch das wiederholte Falten und Ausschmieden eine möglichst gleichmäßige Struktur des Stahles zu gewinnen. Es ist daher durchaus erwünscht, daß sich der Kohlenstoffgehalt der verschiedenen Schichten bei dem wiederholten Erhitzen und Ausschmieden weitgehend ausgleicht. Das Verfahren kann aber auch in der Weise abgewandelt werden, durch Niedrighalten der Temperatur zu verhindern, daß sich die Kohlenstoffgehalte und damit die kennzeichnenden Eigenschaften der beiden verwandten Stahlarten ausgleichen. Von dem so hergestellten Verbundstahl erwartet man, daß er die Eigenschaften des weichen Eisens, große Zähigkeit, mit den Eigenschaften des Kohlenstoffstahles, Härtbarkeit, d. h. Schärfe und Schneidhaltigkeit, verbindet. Durch Ätzen kann man die Schichten des Stahles herausarbeiten und so die Muster des *„künstlichen oder Schweißdamastes“* erzeugen. Abbildung 22 zeigt besonders schöne Stücke eines sol-

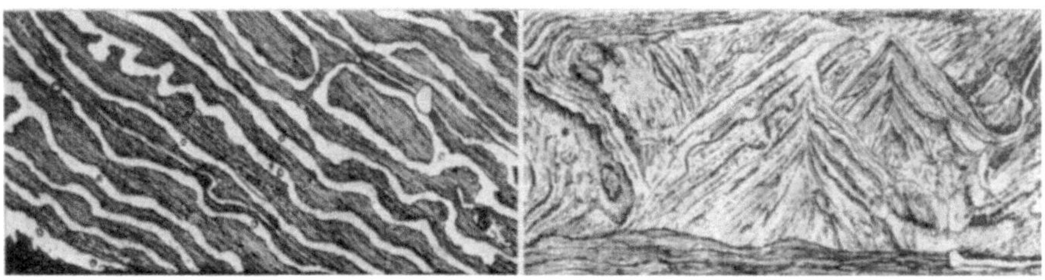

Abb. 22. Künstlicher Damast (nach Hermann 1798)

chen Damastes, Abbildung 23 eine Auswahl malaiischer Kris aus jüngerer Zeit[53]. Die Zahl der Faltungen ist bei diesen nur verhältnismäßig gering, damit das „Wasser“ möglichst schön zum Vorschein kommt. Im Deutschen Klingenmuseum befinden sich mehrere malaiische Kris mit sehr schönen Musterungen.

Dieser künstliche Damast ist ebenfalls uralt. Es scheint, daß er an vielen Stellen als Ersatz für den echten Damast aus indischem Wooz-Stahl gedient hat.

In den Jahren 1852 bis 1863 wurden in einer Ostseebucht bei *Nydam*, nicht weit von Kiel, drei Schiffe aus einer Torfschicht ausgegraben, die eine

[53] *C. Stanley Smith*, a. a. O., S. 555 ff.

Abb. 23. Klingen von malaiischen Kris aus Schweißdamast (nach Smith)

große Ladung von Waffen trugen, darunter mehr als 100 Schwerter. Die Schiffe sind anscheinend auf der Fahrt überfallen worden; um zu verhindern, daß die kostbare Ladung in Feindeshand fiel, wurden zwei der Schiffe auf tiefem Wasser angebohrt und versenkt, während sich die Besatzungen mit dem dritten an den Strand rettete. Die Waffen sind mit römischen Fabrikzeichen versehen, aus den beigegebenen römischen Geräten und Münzen geht hervor, daß es sich um Schiffe römischer Händler handelt, die in der ersten Hälfte des 3. Jahrhunderts versenkt wurden [54].

B. Neumann [55] hatte schon zeigen können, daß bei diesen, aus einer unbekannten römischen Werkstatt stammenden Schwertern auf ein härteres Stahlblatt beiderseits Damaststreifen aufgeschweißt und an den Schmalseiten Schneiden aus hartem Stahl angeschweißt sind. In den Schneiden wies Neumann martensitisch-troostitisches Härtungsgefüge nach, den Herstellern muß demnach die Technik der Stahlhärtung bekannt gewesen sein.

E. Schürmann hatte jetzt Gelegenheit, drei zum Teil gut erhaltene Bruchstücke aus dem Nydam-Fund eingehender zu untersuchen [56]. Die *chemische Analyse* ergab, daß der Kohlenstoff in sehr weiten Grenzen von 0,29 bis 0,52 % schwankt. Ebenso schwankt auch der Phosphorgehalt, der sich aber mit 0,12 bis 0,16 % in den für Schweißeisen üblichen Grenzen hält. Auffallend ist einer der beobachteten *Stickstoffwerte*, 0,018 %. Das ist ganz wesentlich höher, als im allgemeinen bei Schweißeisen und auch bei diesen Schwertern beobachtet wird, und könnte, wenn er sich bestätigen sollte, nur durch eine Aufstickung erklärt werden. Damit wäre dann an einem Beispiel nachgewiesen, daß den alten Schmieden bereits die Härtung des Stahles durch Stickstoff, vielleicht in Verbindung mit der Zementation durch Kohlenstoff, bekannt war. Die Erzählung von Wölund dem Schmied deutet in die gleiche Richtung.

In Abbildung 24 sind untereinander Gefügeätzungen mit Salpetersäure zur Kennzeichnung der Kohlenstoffverteilung, und mit dem Oberhoffer-Mittel zur Kennzeichnung der Phosphorverteilung, wiedergegeben. Die Salpetersäureätzung, in der Abbildung rechts, muß so gedeutet werden, daß die Kohlenstoffgehalte an den hell erscheinenden Teilen unter 0,1 % und an den dunklen Stellen über 0,6 % liegen. Bei der Phosphorätzung werden die phosphorarmen Bereiche dunkel gefärbt, die phosphorreichen

[54] *L. Beck,* Geschichte des Eisens in technischer und kulturgeschichtlicher Beziehung, Braunschweig 1884, 1. Abt., S. 555.

[55] Arch. Eisenhüttenwes. 1 (1927/28), S. 241/44.

[56] Arch. Eisenhüttenwes. 30 (1959), S. 121/26.

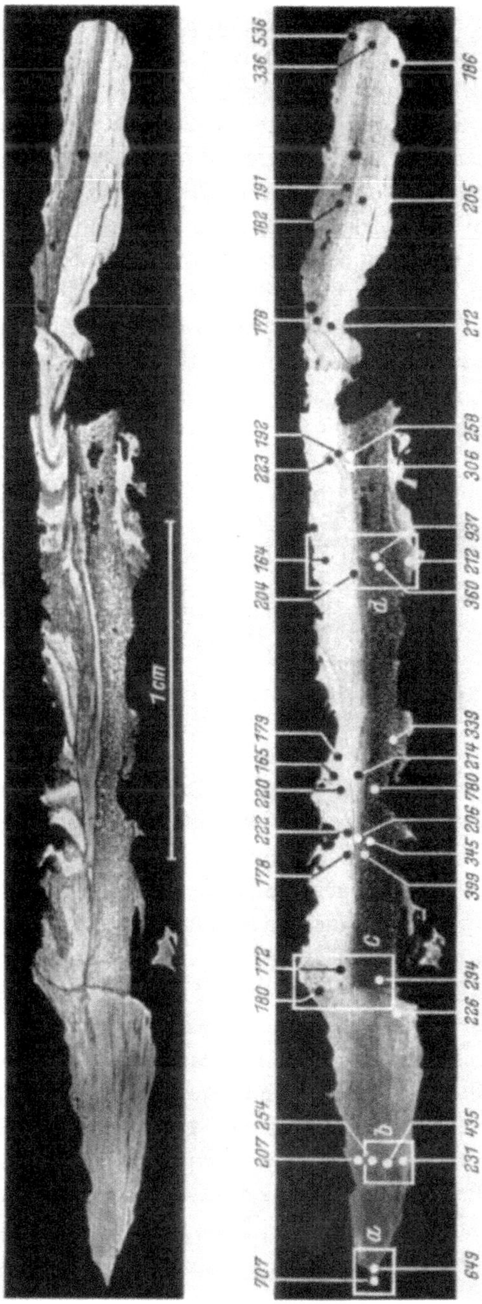

Abb. 24. Phosphor- und Kohlenstoffverteilung im Querschnitt einer Nydam-Klinge; Vickershärte mit 200 g Belastung (nach Schürmann)

bleiben hell. Ein Vergleich beider Ätzungen läßt deutlich erkennen, daß die kohlenstoffreichen Teile phosphorarm sind und umgekehrt.

Der *Aufbau des Schwertes* ist am besten in der Phosphorätzung zu erkennen. Der Kern des Schwertes besteht aus einer kohlenstoffreichen Mittelrippe. Falls sie aus Raffinierstahl hergestellt ist, was vermutet werden kann, wurde die Raffination so weit getrieben, daß eine Schichtung nicht mehr zu erkennen ist. Auf die Mittelrippe sind an beiden Seiten, in der Abbildung nur oben deutlich zu erkennen, dünne Schichten aus kohlenstoffarmem Eisen zur Verbindung mit der äußeren Damastlage aufgeschweißt. Die Damastlage, nur noch oben vorhanden, besteht aus drei nebeneinander liegenden Streifen. An dieses so aufgebaute Mittelstück sind an beiden Schmalseiten Schneiden aus hartem Stahl angeschweißt. Eine Aufsicht der Klinge ist in Abbildung 25 wiedergegeben.

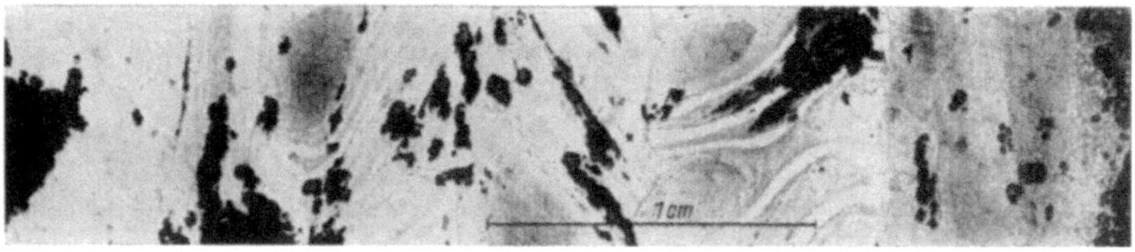

Abb. 25. Längsschliff durch die damaszierte Oberseite und durch die Schneiden einer Nydam-Klinge (nach Schürmann)

In einer anschließenden Arbeit gehen *E. Schürmann* und *H. Schroer* noch einmal ausführlich auf die Frage des Phosphoreinflusses auf die Härtbarkeit ein[57]. Sie schließen aus dem bekannten Einfluß von Kohlenstoff und Phosphor auf das Umwandlungsverhalten des Eisens, jedes Element für sich allein, wie sich die Einflüsse beider Elemente gleichzeitig auswirken müssen. Sie folgern so in Verbindung mit der geringen Diffusionsfähigkeit des Phosphors im Eisen, daß in phosphorhaltigen Stählen bestimmter Zusammensetzung, in deren Bereich die Nydam-Schwerter liegen, der Ausgleich des Kohlenstoffs und des Phosphors nur sehr langsam vor sich geht. So bleibt die Schichtung, die die Damaszierung ausmacht, auch bei wiederholter Glühbehandlung erhalten. Es muß hier offen bleiben, ob in dieser Feststellung bereits die Beantwortung der Frage enthalten ist, warum einmal beim Raffinieren des Stahles die Schichtung weitgehend verschwindet und der Kohlenstoffgehalt sich ausgleicht, ein anderes Mal aber, bei gleicher Arbeitsweise,

[57] Arch. Eisenhüttenwes. 30 (1959), S. 127/30.

die Schichtung sich nicht ausgleicht und im Muster der Damaszierung voll zum Ausdruck kommt.

Ein bemerkenswerter Beitrag, der die hohe Wertschätzung der Damast-Schwerter eindrucksvoll belegt, findet sich bei *Cassiodor*[58]. Dort ist ein Brief wiedergegeben, in dem sich der große Ostgotenkönig *Theodorich* bei dem König der Vandalen, *Thrasamund*, für ein Damastschwert bedankt, das ihm dieser mit anderen Waffen geschenkt hatte:

„An Thrasamund, den König der Vandalen, Theodorich, Rex. Eure brüderliche Liebe hat mir Schwerter und Hiebwaffen als Geschenk übermacht, deren Eisen köstlicher ist als Gold. Ihre polierten Klingen glänzen so helle, daß es im Anschauen das treue Spiegelbild des Gesichtes zurückwirft, und ihre Spiegel sind von oben bis unten so gleichmäßig, daß sie nicht aus Streifen zusammengesetzt, sondern wie aus einem Schmelzofen geflossen zu sein scheinen. In dem mittleren Teil erscheinen schöne Vertiefungen wie kreiselndes Gewürm, und es zeigen sich so mannigfaltige Schattierungen, daß man glauben möchte, es sei das glänzende Metall mit verschiedenerlei Farben durchwebt."

Als Ergänzung zu diesem Text bringen wir in Abbildung 26 die Spitze eines Schwertes aus der gleichen Zeit, das in Lothringen gefunden wurde[59].

Über die Zeit der *mittelalterlichen Hochblüte* des Schwertschmiedehandwerks in Deutschland können wir hier kurz hinweggehen, um so mehr als sie keine wesentlichen Neuerungen in der Fertigungstechnik der Schwertklingen bringt. Die Rohstofferzeugung macht in dieser Zeit alle Wandel der Eisenerzeugung vom Rennfeuer zum Stückofen durch, dabei ist überraschend, wie lange das Rennfeuer seinen Platz behaupten konnte. Die Technik des *Raffinierens*, die wir an dem Solinger Beispiel ausführlich behandelt haben, behielt angesichts der Ungleichmäßigkeit des Rohstahles ihre Bedeutung. So verbot um 1300 der Rat der Stadt Nürnberg, oberpfälzisches Eisen, Deuhel genannt, zu verarbeiten, ohne es vorher gehörig durch Gärben zu verbessern[60]. In Remscheid ist noch nach 1900 Raffinierstahl für den Verkauf hergestellt worden[61].

Die Herstellung von Klingen aus künstlichem Damast wurde in *Solingen* erst zu Anfang des 19. Jahrhunderts eingeführt, wobei man sich weitgehend an Versuche anlehnte, die *Clouet* kurz vorher in Mezières angestellt hatte[62]. Clouet schweißte im Holzkohlenfeuer Stahl- und Eisenstäbe verschiedener Zusammensetzung zusammen und erzeugte so einen Verbundstahl mit vielen

[58] Var. lib V, epist. I, lateinischer Text bei Beck, a. a. O., S. 715.
[59] *C. Stanley Smith*, Endeavour, a. a. O.
[60] *O. Johannsen*, a. a. O., S. 187 ff.
[61] *F. Sommer*, a. a. O.
[62] Ann. des Arts et Manufactures 30 (1803/04).

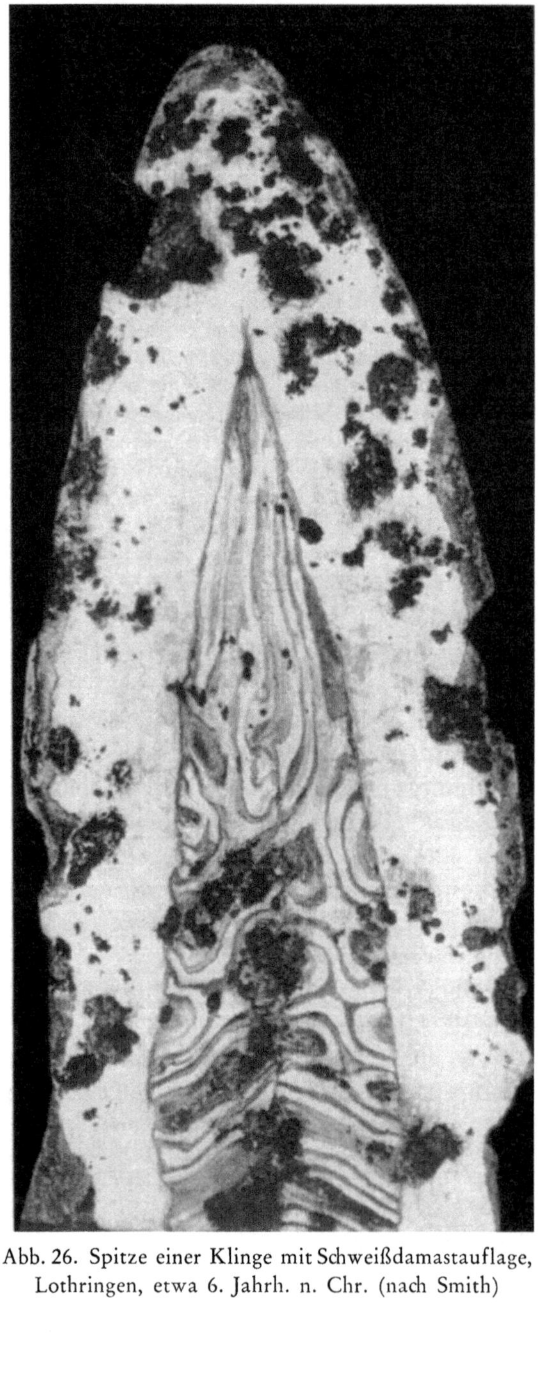

Abb. 26. Spitze einer Klinge mit Schweißdamastauflage, Lothringen, etwa 6. Jahrh. n. Chr. (nach Smith)

Lagen. Er beschäftigte sich auch eingehend mit dem Zustandekommen des Damastmusters und war schließlich in der Lage, jedes gewünschte Muster zu erzeugen, bis zu der Spielerei, beliebige Zeichen oder Namen zum Vorschein zu bringen. In Solingen waren es jedoch immer nur einige wenige Hammerschmiede, die ihre Erfahrungen, die sie bei der Herstellung von Raffinierstahl gewonnen hatten, auch auf die Erzeugung von Damaststahl anwandten. Das Verfahren wurde als Geheimnis bewahrt, Zuschauer wurden dabei nicht geduldet.

Die so erzeugte künstliche Nachblüte der Schwerter aus Damaststahl hat jedoch nur kurze Zeit gedauert. Seit dem ersten Weltkriege werden in Solingen keine Damastklingen mehr hergestellt. Die Sammlung des Deutschen Klingenmuseums in Solingen-Gräfrath enthält einige der letzten in Solingen angefertigten Klingen aus künstlichem Damast.

5. Das japanische Schwert als Höchstleistung der handwerklichen Schwertschmiedekunst

Unabhängig von der hier beschriebenen Geschichte des Schwertes in dem großen Raum von Indien bis Europa vollzog sich *in Japan* eine Entwicklung, die in ihren Anfängen chinesische und koreanische Einflüsse erkennen läßt, die dann aber völlig frei von fremden Einwirkungen ablief und schon sehr früh einen hohen Stand erreichte.

Wir können hier nicht auf die Geschichte des japanischen Schwertes eingehen [63]. Es mag für uns genügen zu wissen, daß nach der Gründung des japanischen Reiches durch Jimmu, etwa z. Z. Christi, ein lebhafter Austausch mit China auch auf dem Gebiet der Waffenherstellung bestand. Es ist sicher, daß zu dieser Zeit *chinesische und koreanische* Schwertschmiede nach Japan kamen und dort Schwerter herstellten. Von diesen ältesten Schwertern, *Koto* genannt, sind nur wenige erhalten; sie sind bereits durch Zusammenschweißen verschiedener Stahlsorten hergestellt.

Während der *Nara-Periode, 650 bis 795,* in der Japan den Buddhismus übernimmt und in der die wundervollen buddhistischen Tempel in Nara entstehen, macht die Kunst des Schwertschmiedens nur geringe Fortschritte. Erst mit dem Aufkommen des *Shogunats in der Heian-Periode, 794 bis 1191,* als die Machtkämpfe zwischen den großen Shogun-Familien einsetzten

[63] *John M. Yumoto,* The Samurai Sword, Tokyo 1958, S. 19 ff.; Prof. Dr. U. Hashimoto, Tokyo, danke ich auch an dieser Stelle für dieses Buch.

und der Schwertadel der Samurai zu seiner Bedeutung kam, nahm auch die Schwertschmiedekunst einen lebhaften Aufschwung. Es ist das die Zeit, in der der *Bushido*, der Ehrenkodex der Samurai, entstand und das Schwert das symbolhafte Kennzeichen der Samurai wurde, als Familienerbstück sorgfältig gehütet und von einer Generation an die andere weitergegeben. In dieser Zeit nahm das japanische Schwert die äußere Form an, die sich dann nicht mehr geändert hat.

In den nachfolgenden Perioden, in denen das Militärregiment der Shogune die Verwaltung und Rechtsprechung mehr und mehr an sich zog, nahm die Schwertschmiedekunst, angeregt durch den steigenden Bedarf, einen weiteren Aufschwung. Es bildeten sich eine Reihe von Schulen, die sich gegenseitig in der Güte ihrer Schwerter zu übertreffen suchten. Die große Mehrzahl der berühmten japanischen Schwertschmiede lebte in dieser Zeit zwischen 900 und 1450.

In der späteren Zeit der unbeschränkten Herrschaft des Shogunats und der damit einhergehenden inneren Befriedung des Landes verlor das Samurai-Schwert mehr und mehr seine Bedeutung als Waffe. Die Schwertschmiedekunst büßte ihren hohen Rang ein und erging sich in Künsteleien. Das ist die Zeit, die die Japaner die Periode des neuen Schwertes, *Shinto*, nennen.

Mit der *Reformation des Kaisers Meiji* im Jahre 1868 fand das Feudalsystem in Japan sein Ende und mit ihm das Ansehen der Samurai. Das Tragen von Schwertern wurde verboten. Unter dem jetzigen Kaiser *Hirohito* erlebte die Schwertschmiedekunst noch einmal eine Nachblüte, als mit dem Erstarken des Nationalbewußtseins eine Belebung des Verständnisses für die Geschichte Japans Hand in Hand ging. Kurz vor dem zweiten Weltkrieg gab es in Japan etwa 100 Schmiede, die Schwerter nach alten Verfahren herstellten.

6. Die Erzeugung des Rohstahles in Japan

Für die Reduktion des Eisens aus den Erzen wurden in Japan, wie überall auf der Erde, in alten Zeiten Rennfeuer verwandt. Eine Beschreibung des japanischen Rennfeuers und seiner Betriebsweise gibt *A. Ledebur*[64]; weitere Angaben verdanke ich einer persönlichen Mitteilung von Dipl.-Ing. *Ishimitsu*, Yawata Iron and Steel Co. Ltd., Yawata[65]. Danach hatte der japa-

[64] Stahl u. Eisen 21 (1901), S. 841/50.
[65] Dipl.-Ing. *Ishimitsu*, Tatarabuki, ein uraltes japanisches Verfahren der Stahlherstellung.

nische Rennherd die Gestalt einer länglichen, oben offenen Wanne mit einer Weite von rd. 1 m und einer Länge von 1,5 bis 2 m. Er war aus Ton aufgebaut und an den Längsseiten mit einer Reihe von Windformen versehen. Ursprünglich wurden Kolbengebläse verwandt, die später durch fußgetriebene Wiegengebläse ersetzt wurden.

Der in Japan an vielen Stellen gefundene, durch Verwitterung von Granit oder Basalt entstandene Eisensand wurde durch Waschen aufbereitet, zusammen mit Holzkohle in abwechselnden Schichten in den Rennherd gefüllt und reduziert. Bei dieser Arbeit durften Frauen nicht zugegen sein. Eine Charge dauerte bis zu 10 Tagen. Das Erzeugnis war teils flüssiges Roheisen, das während des Betriebes abgelassen wurde, teils eine schwammige, schlackendurchsetzte Luppe mit sehr unterschiedlichen Kohlenstoffgehalten. Das Eisenausbringen war sehr niedrig, der Eisengehalt der Schlacke und der Verbrauch am Holzkohle sehr hoch. Für die Herstellung der Schwerter wurde das titanarme Roheisen aus der San-in-Gegend an der Japansee vorgezogen.

Nach *K. Tawara*[66] wurde dieses rohe Eisen einem *Reinigungs- oder Umschmelzverfahren* unterworfen, bevor es zu Schwertern verarbeitet werden konnte. Dazu wurde es in kleine Stücke zerteilt und in einem Holzkohlenfeuer unter Verwendung eines Gebläses hoch erhitzt. Dabei fand eine teilweise Aufkohlung statt, das Eisen schmolz mehr oder weniger vollständig zu einer Luppe zusammen, in der der Kohlenstoffgehalt von sehr niedrigen Werten bis rd. 3,5 % schwankte. Der so erhaltene Rohstahl ähnelt dem indischen Wooz, nur daß dieser in geschlossenen Tiegeln und verhältnismäßig langen Schmelzzeiten, der japanische Stahl im offenen Holzkohlenfeuer und kürzeren Zeiten hergestellt wurde. Die Luppe wurde in Wasser abgeschreckt, gebrochen und nach dem Bruchaussehen sortiert.

7. Die Raffination des Rohstahles

Die eigentliche Arbeit des Schwertschmiedes setzt mit der weiteren *Raffination* dieses Rohstahles ein. Eine ausführliche Beschreibung dieses Arbeitsganges hat *M. Chikashige*[67] gegeben; überraschend ist die Ähnlichkeit mit

[66] Nipponto no kagakuteki kenkyu, Tokyo 1953. Für dieses aufschlußreiche Werk danke ich auch an dieser Stelle Dr. Wada, Yawata Iron and Steel Co, Ltd., Yawata. Die Übersetzung besorgte M. Hishinuma.

[67] Alchemy and other Achievements of the Ancient Orient, Tokyo 1936, S. 85 ff.

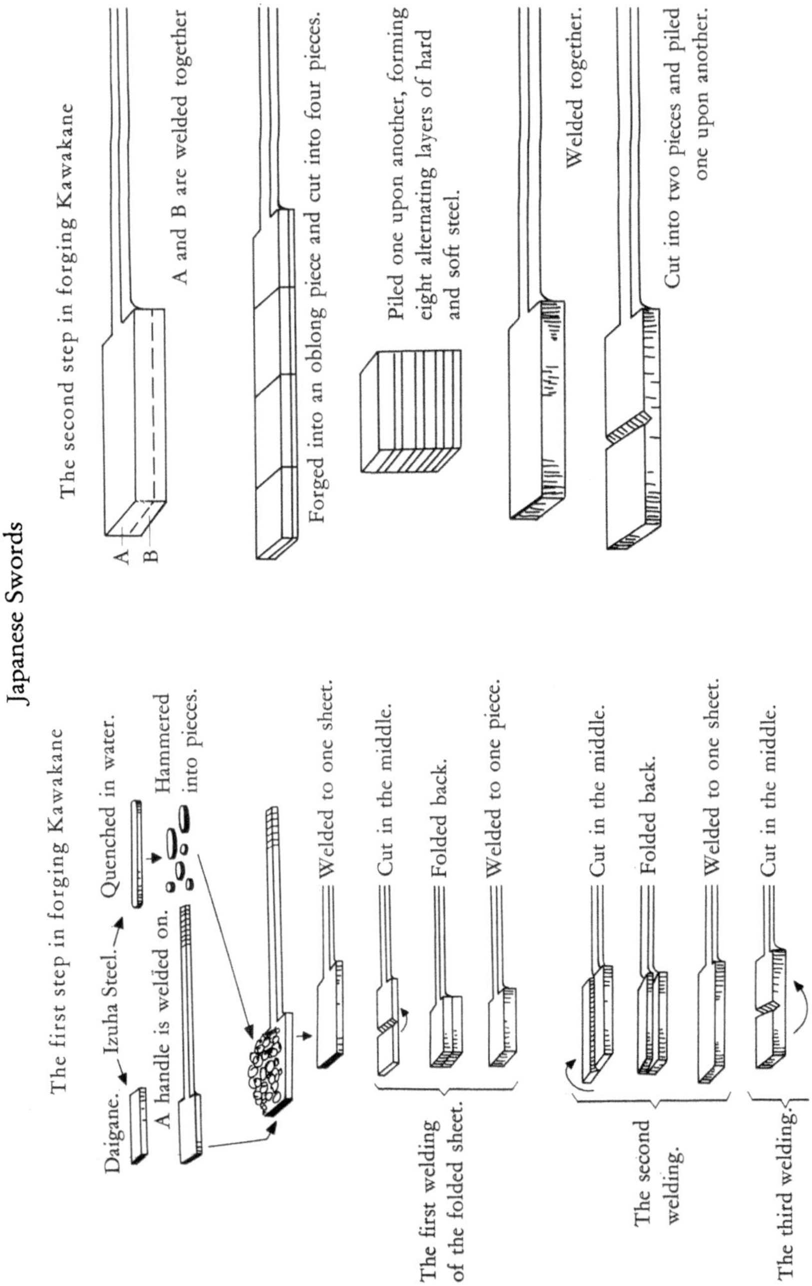

Abb. 27. Raffinieren des Rohstahles in Japan (nach Chikashige)

dem Raffinierverfahren, wie es *F. Sommer*[52] beschrieben hat. Aus weichem Eisen wird eine Platte mit einem Handgriff geschmiedet. Ausgesuchte Stücke des *Rohstahles* werden dann auf die so vorbereitete Platte gelegt und mit dieser verschweißt und ausgeschmiedet. Abwechselnd wird in Längs- und Querrichtung geteilt, zusammengefaltet und erneut ausgeschmiedet (Abbildung 27). Dieses Verfahren wird etwa zehnmal wiederholt, der Schmied hat dann eine Stange in Händen, in der die Unterlage und die aufgelegten Stücke zu einem homogenen Stahl verschweißt sind. Dann nimmt er eine zweite Stange, die in der gleichen Weise durch wiederholtes Falten und Ausschmieden hergestellt wurde, jedoch aus *weichem Stahl* besteht, schmiedet diese mit der ersteren zusammen und erzeugt so durch wiederholtes Falten oder auch durch Teilen und Aufeinanderlegen eine Stange, in der viele Tausend Lagen von hartem und weichem Stahl aufeinanderfolgen. Dabei kommt es ihm nicht darauf an, wie bei der Herstellung von Damaststahl, daß die einzelnen Schichten mit ihrem unterschiedlichen Kohlenstoffgehalt erhalten bleiben. Wichtig ist ihm allein, daß das Verschweißen möglichst vollkommen erfolgt und daß die Schlacke möglichst vollständig entfernt wird. Bei diesem Verfahren gleicht sich der Kohlenstoff der verschiedenen Schichten so weit aus, daß diese nicht mehr voneinander unterschieden werden können.

Der so hergestellte Raffinierstahl enthält immer noch mehr Schlacken als ein guter neuzeitlicher Flußstahl, es ist aber in hohem Maße bewundernswert, welche Vollkommenheit die japanischen Schwertschmiede bei dem Verschweißen der vielen Schichten erreichten. Das ist nur möglich durch Anwendung eines geeigneten Schweißpulvers und durch peinliches Sauberhalten von Amboß und Werkzeugen. Als Brennstoff wird nur Holzkohle verwandt.

Aus dem so vorbereiteten Raffinierstahl wird nun der *Schwertkörper* in kunstvoller Weise aufgebaut (Abbildung 28), wobei die verschiedenen Schulen der Schwertschmiede ihre eigenen Verfahren haben. Die Schneide und gewöhnlich auch die Seitenflächen bestehen aus hartem Stahl, der Kern des Schwertes aus einem kohlenstoffarmen Stahl. Bei dem letzten Schmieden wird die Klinge annähernd in die endgültige Form gebracht und dann mit Hilfe von Feilen und Schabern fertiggemacht.

Für die Härtung wird die rohe Klinge mit einem Brei aus Ton, gepulvertem Polierstein und Holzkohle und einem schmelzbaren Salz umkleidet (Abbildung 29). Dieser Auftrag wird an der Schneide wieder entfernt, je nach der Schule erhält dabei die Begrenzungslinie, *Yokote* genannt, eine mehr oder weniger unregelmäßige Form. Die so vorbereitete Klinge wird

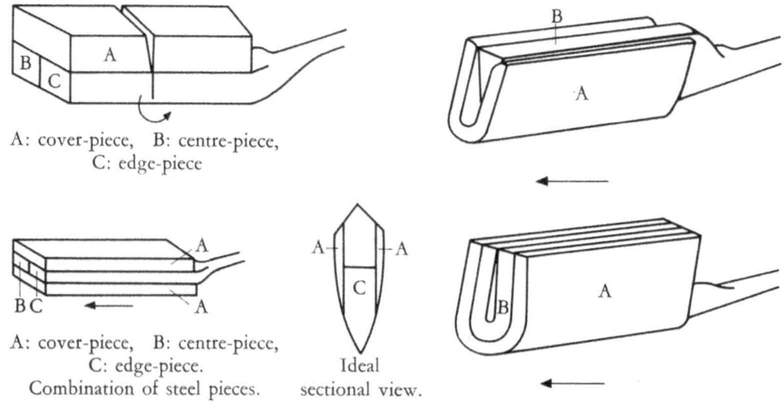

Abb. 28. Aufbau japanischer Schwertklingen nach verschiedenen Schulen

in einem Holzkohlenfeuer vorsichtig auf Härtetemperatur gebracht und in Wasser abgeschreckt. Die Schneide besitzt dann ohne weitere Anlaßbehandlung die gewünschte Härte, während der Schwertkörper ungehärtet bleibt.

Zuletzt wird die Klinge mit äußerster Sorgfalt von Hand poliert. Die Schlußpolitur erfolgt mit Papier und äußerst feinem Kalkstein.

Die japanische Klinge verdankt ihre einmalige Schönheit neben ihrer vollkommenen Form vor allem ihrem Gefügeaufbau. Sie ist an der Schneide matt, dahinter liegt der Schwertkörper mit seiner unnachahmlichen schönen Politur [68]. Die Ausbildung der Grenze zwischen der harten Schneide und dem weichen Körper bestimmt an erster Stelle den Wert eines japanischen Schwertes. Bei den ältesten Schwertern ist sie gerade, später haben sich die Schwertschmiede bemüht, verschiedene Muster zu erzeugen, von denen man eine große Anzahl unterscheidet. Abbildung 30 zeigt die Oberfläche einer Klinge aus dem 16. Jahrhundert mit sehr unregelmäßig ausgebildeter Yokote. Sie läßt daneben Streifen von hellen Flecken erkennen, *Niye* genannt, die annähernd der Grenzlinie folgen. Diese Flecke erweisen sich bei stärkerer Vergrößerung als Martensit, der aus einem groben Austenitkorn gebildet ist.

C. Stanley Smith [68] veröffentlichte kürzlich sehr schöne Gefügebilder von zerschnittenen Klingen, die den kunstvollen Aufbau der japanischen Schwerter sehr klar erkennen lassen. Abbildung 31 zeigt links den ursprünglichen,

[68] *C. Stanley Smith,* A metallographic examination of some japanese sword blades, Soc. Contrib. Storia Met. Milan 1957, Nr. 2, S. 42/68.

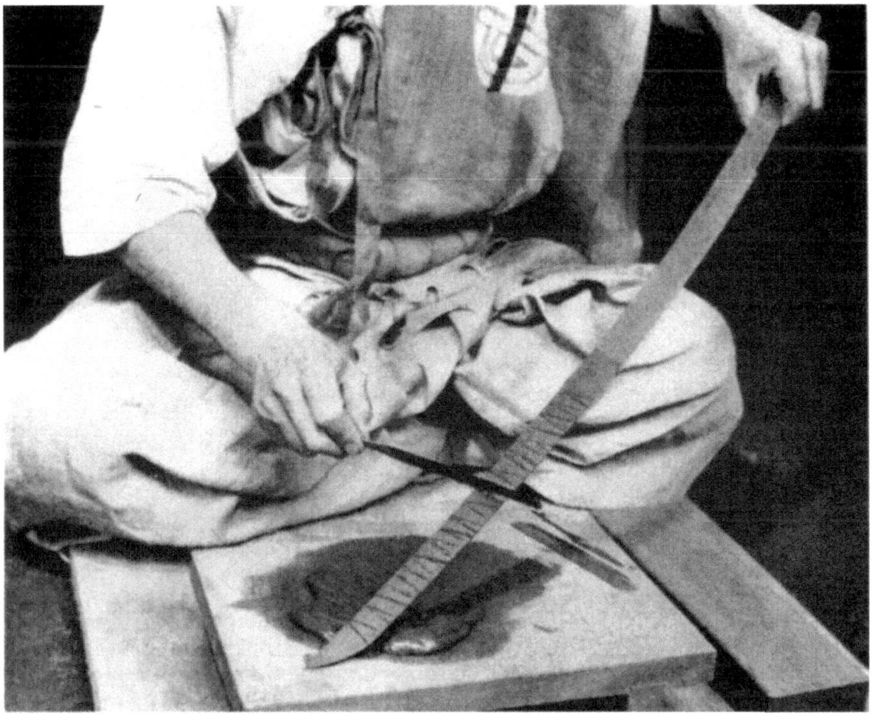

Abb. 29. Vorbereitung der Klinge für die Härtung (nach Yumoto)

gehärteten Zustand eines Schwertes aus dem 16./17. Jahrhundert, rechts den durch Glühen normalisierten Zustand, um die Kohlenstoffverteilung deutlicher zu machen. Der Bereich höherer Kohlenstoffgehalte reicht nur wenig über die unbedeckt gelassene Zone hinaus, in der allein die zum Härten erforderliche Abkühlungsgeschwindigkeit erreicht wurde, und geht dann in den Schwertkörper mit verhältnismäßig niedrigem Kohlenstoffgehalt über. Abbildung 32 zeigt ein Schwert jüngerer Fertigung, dessen Körper aus nahezu kohlenstofffreiem, sehr grobkörnigem Stahl besteht.

In der Schlußerörterung zu dem erwähnten Bericht von C. *Stanley Smith*[68] wird darauf hingewiesen, daß die Untersuchung einiger weniger Klingen nur begrenzte Schlüsse auf die Entwicklung der Technik zulasse, man könne aber wohl annehmen, daß sich die Technik der japanischen Schwertschmiede seit dem 12. Jahrhundert nicht wesentlich geändert hätte. Wenn das durch weitere Studien bestätigt würde, wäre damit dem geschichtlich interessierten Techniker die Frage gestellt, wie eine so reife Handwerkskunst in Japan schon zu früher Zeit, anscheinend ohne jegliche Verbindung mit anderen Ländern, entstehen und wie sie sich so lange Zeit unverändert erhalten konnte.

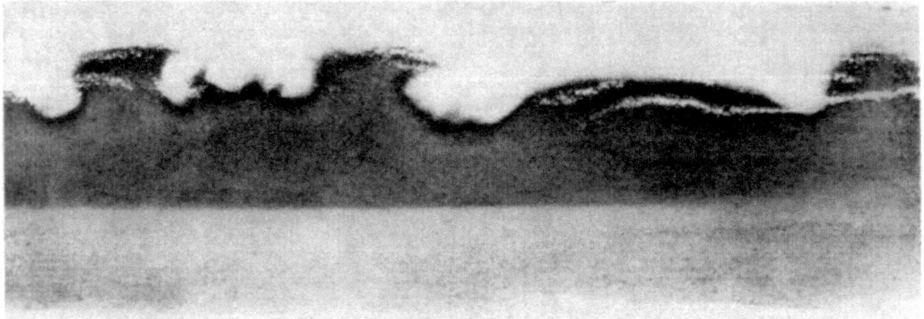

Abb. 30. Yokote einer Schwertklinge aus dem 16. Jahrhundert (nach Smith)

Zusammenfassung

Unter den Waffen, die der Mensch für Angriff und Verteidigung entwickelt hat, nimmt das Schwert eine Sonderstellung ein. Das hat seinen Grund darin, daß sich bei ihm die Tugenden des Trägers und die Tugenden der Waffe selbst in einmaliger Weise verbinden. So konnte sich zwischen dem Schwert und seinem Träger ein besonderes Verhältnis herausbilden, dessen sich der Mythos mehr als bei irgendeiner anderen Waffe bemächtigte. Davon sollte der erste Teil dieses Berichtes eine Vorstellung vermitteln.

Die Stellung des Schwertes unter den Waffen hatte zur Folge, daß zu seiner Herstellung die höchste Handwerkskunst entwickelt wurde. Dabei haben es die Schwertschmiede, nachdem die Menschheit erst einmal zum Eisen als Werkstoff gefunden hatte, gelernt, die besonderen Möglichkeiten, die dieser Werkstoff bot, Schweißbarkeit und Härtbarkeit, in staunenswerter Weise auszunutzen.

Überraschend ist die große Ähnlichkeit der Techniken, die an verschiedenen Orten und zu verschiedenen Zeiten zur Herstellung des Schwertes entwickelt wurden. Das sollte im zweiten Teil dieses Berichtes gezeigt werden. Diese Ähnlichkeit ist sicher kein Zufall, die technischen Eigenschaften des Stahles sind vielmehr so durchschlagend, daß sie notwendig überall da, wo Stahl verarbeitet wurde, zu der gleichen Technik führen mußten. Damit würde diese Betrachtung über das Schwert, das *stählerne* Schwert, ein Beitrag dazu sein, wie tief die Menschheitsentwicklung durch die Erfindung des schmiedbaren und härtbaren Eisens, des Stahles, beeinflußt worden ist.

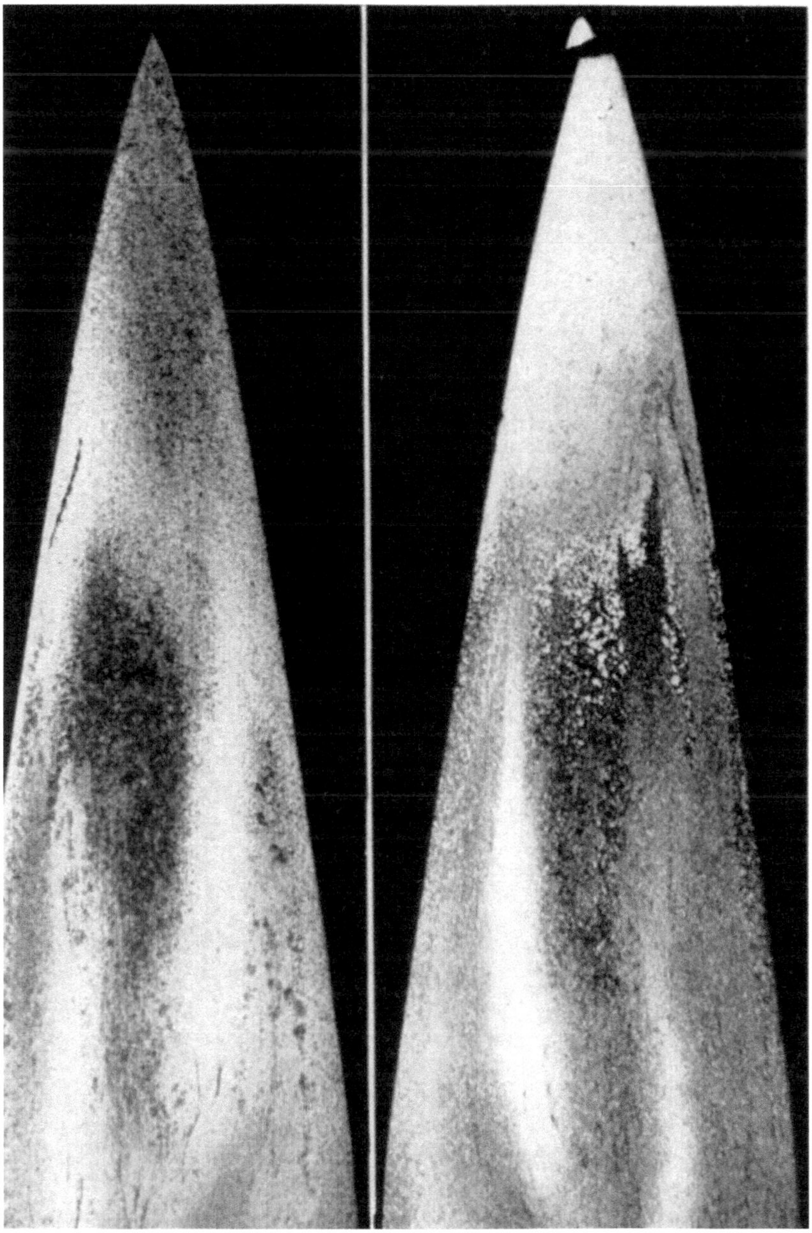

Abb. 31. Gefüge im Querschnitt einer japanischen Schwertklinge aus dem 16./17. Jahrhundert, ursprünglicher Zustand und normalisiert (nach Smith)

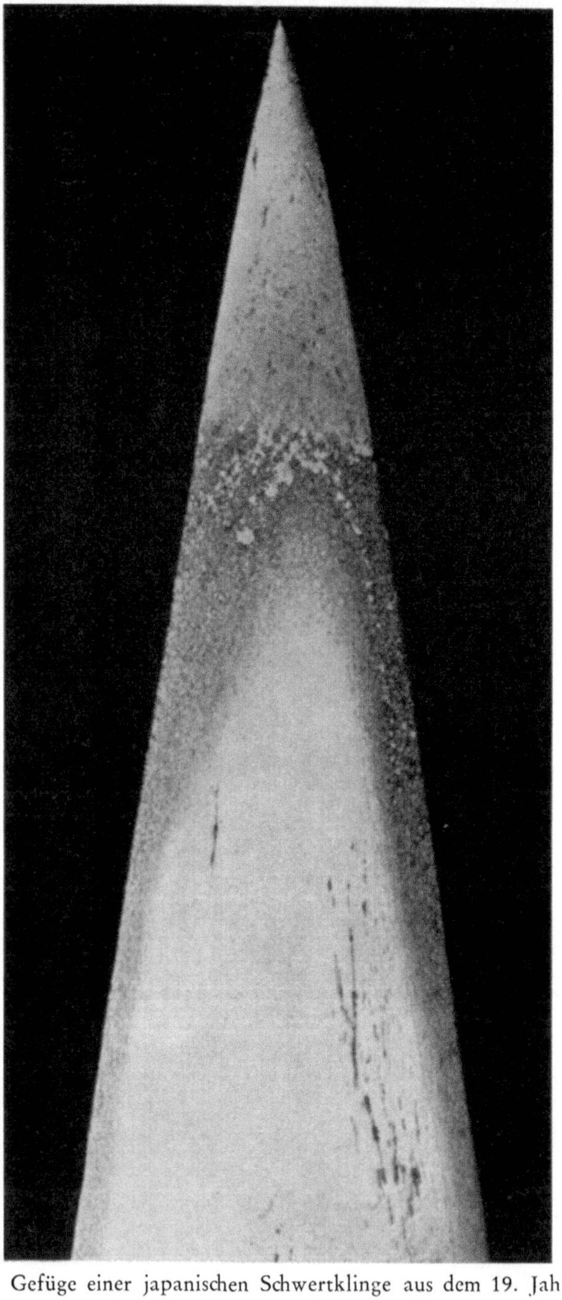

Abb. 32. Gefüge einer japanischen Schwertklinge aus dem 19. Jahrhundert

Summary

Among the weapons which man has developed for attack and defence, the swords occupies a special place. This has its reason in the fact that the virtues of the sword bearer, and the virtues of the weapon itself harmoniously blend in an almost unique manner. Thus between the sword and its bearer a very special relation developed, which fact was emphasized by mythology to a far greater measure than this was the case with any other weapon in history. The first part of our survey is meant to demonstrate this.

The place held by the sword among the weapons was conducive to the consequence, that the highest art of handicraft was developed for its production. In this connection the swordcutlers and armourers, once the human being had taken to iron as a working material, had learned to make use of the possibities which are inherent in this material, namely its forgeability and hardening capacity in a truly astonishing way.

What is so surprising is the great similarity of the various techniques, which were developed at various localities and at various ages in the production of the sword. This is to be shown in the second part of our survey. This similarity is certainly no coincidence; the technical properties of steel are on the contrary of such a decisive character, that of necessity everywhere where steel was being processed, the treatment had to be conducive to the same techniques. Thereby this analysis about the sword, the sword made of steel, is a contribution to the general reflection how far-reachingly the human development hat indeed been influenced by the invention of the forgeable and temperable iron, that is to say, of the steel.

Résumé

Concernant les armes développées par l'individu et qui servent à attaquer et à se défendre, l'épée a prise une position exceptionnelle. De cette raison les vertus du porteur et de l'arme s'unissent d'une manière extraordinaire.

Or, les relations entre l'épée et l'homme qui la porte sont très profondes et il n'est pas étonnant que le mythe s'en est saisi.

A ce sujet la première partie de cette étude essaye de vous donner une idée.

Par conséquence, la position excellente de l'épée parmi les armes a provoqué le développement de l'art de métier. Les forgerons d'épée, après avoir connu le fer, ont rapidement compris de se servir des possibilités particulières de cette matière et en tout cas de sa susceptibilité de trempe et de sa soudabilité.

Il est surprenant que les techniques de forger l'épée, à différentes époques et à différents lieux, se ressemblent.

De ce fait raconte la deuxième partie de cette étude.

Il n'est certainement pas par hasard que cette ressemblance existe. En effet, les attributs techniques sont tels qu'avec certitude, à chaque lieu où on s'occupait de l'acier, la même technique en résultait. A la fin du compte on peut dire que notre étude sur l'épée, l'épée en acier, est une contribution sur la profondeur par laquelle l'ouvrage d'hommes à été influée par le fer susceptible de trempe — l'acier.

Bildnachweis

Abbildungen mit freundlicher Genehmigung der Verlage:

Verlag Stahleisen, Düsseldorf: Abb. 2 aus Johannsen, Geschichte des Eisens; Abb. 3 aus W. Gillers, Stahl und Eisen; Abb. 4 aus G. Stelzer, Stahl und Eisen; Abb. 5 aus B. Osann, Stahl und Eisen; Abb. 15–19 aus K. F. Naumann, Archiv für das Eisenhüttenwesen; Abb. 21 aus Mitt. K. W. I., Eisenforschung; Abb. 24 und 25 aus Archiv für das Eisenhüttenwesen.

Routledge & Kegan Paul Ltd., London: Abb. 6 aus Schubert, History of the British Iron and Steel Industry; Abb. 14 aus Schubert, Iron Ingot of Dorsetshire.

René Gardi, Bern: Abb. 7–12.

Iron and Steel Institute, London: Abb. 13 aus Hadfield, Iron Steel Inst.

Imperial Chemical Industries, Ltd., London: Abb. 20, 22, 23 und 26 aus C. S. Smith, Endeavour.

Verlag Rokahuho Uchida, Tokyo: Abb. 27 und 28 aus Alchemy and other achievements of the ancient Orient.

Ch. E. Tuttle, Co., Vermout, USA: Abb. 28 und 29 aus John Yumoto, Samurai Sword.

Quaderno II del Centro per la Storia della Metallurgia, A. J. M. Milano: Abb. 30–32 aus Estratto dal Symposium su la tecnica di fabbricazione delle lame di acciaio presso gl. antichi.

Diskussion

Staatssekretär Professor Dr. h. c. Dr. E. h. Leo Brandt

War man nicht bisher der Auffassung, daß die Bronzezeit durch die Eisenzeit abgelöst wurde? In Ihrem Vortrag erwähnten Sie, daß schon während der Bronzezeit Eisenschwerter bekannt und im Gebrauch waren. Naturgemäß mußte das Eisen- dem Bronzeschwert überlegen gewesen sein. Warum hat man dann noch Bronzeschwerter erzeugt?

Professor Dr. phil. Franz Wever

Eisenerz findet man überall. Bronze besteht aus den Metallen Zinn und Kupfer, die erst auf einem langen Handelsweg zusammengebracht werden müssen. Es war also viel einfacher, Eisen zu erschmelzen als Bronze. Die Bronze hat aber, wenn man das Verhältnis von Zinn und Kupfer einigermaßen einhält, immer die gleichen Eigenschaften. Das Eisen ändert seine Eigenschaft je nach Kohlenstoffgehalt sehr stark. Bronze kann man immer wieder umschmelzen; wenn ein Bronzeschwert zerbricht, kann es ohne Schwierigkeiten wieder umgeschmolzen werden. Stahl kann man nicht umschmelzen, ohne seine Eigenschaften völlig zu verändern.
(Staatssekretär Prof. Dr. Brandt: Ist denn ein Bronzeschwert im Kampf sehr viel schlechter als ein stählernes Schwert?)
Ein stählernes Schwert ist dem Bronzeschwert immer hoch überlegen.

Frau Professor Dr. phil. Eleanor Consten

In Asien haben die nomadischen Krieger immer, wenn sie Raubzüge unternahmen – also Kriege, die ihnen neues Weideland bringen sollten –, die unterworfene Bevölkerung niedergemacht, aber stets die Schmiede verschont. Die Schmiede wurden Besitz der siegreichen Nomaden. Sie wurden, obgleich sie Gefangene und Hörige waren, wegen ihrer Kunst, die ein Geheimnis war, sehr hoch geehrt. Hieraus wäre ein Rückschluß auf die Verhältnisse bei den Germanen zu ziehen: es brauchte nicht unbedingt Mißachtung unter römischem Einfluß zu sein, wenn die Schmiede hörig waren. Es bedeutete eher eine Wertschätzung, wenn sich der Fürst den Schmied auf jeden Fall sichern wollte, indem er ihn als Eigentum besaß. Die Geschichte von Wieland dem Schmied bestätigt dies.

Nun zu einem anderen Punkt: in China gibt es Bronzepfeilspitzen und – zunächst steinerne, dann bronzene – Streitäxte schon mehr als ein halbes Jahrtausend vor der Einführung des Schwertes. Es würde mich interessieren, ob auch im europäischen Raum das Schwert erst in verhältnismäßig späterer Zeit als Waffe aufkam.

Zu der Schilderung über die japanischen Techniken möchte ich noch hinzufügen, daß ich vor dem ersten Weltkrieg japanische Schwertfeger bei der Arbeit gesehen habe. Die peinliche Sauberkeit, die Sie erwähnten, wurde auch symbolisch zum Ausdruck gebracht: der Schwertfeger und seine Gesellen arbeiteten in ihrer sehr kleinen und höchst primitiven Werkstatt in der weißen Leinentracht der Shintopriester. Der Arbeit am Schwert ging eine Reinigungs-Zeremonie voraus.

Sie sprachen von der Tugend des Schwertes und der Träger. Die Japaner in ihren Mythen gestehen dem Schwert charakterliche Selbständigkeit zu, so daß auch ein Gegensatz zwischen Schwert und Träger möglich ist. In der japanischen Geschichte wird von Schwertern erzählt, die böse waren und böse Taten vollbrachten, die nicht im Sinne des Trägers waren.

Professor Dr.-Ing. Ernst-Hermann Schulz

Die Frage, ob Bronze oder Eisen zuerst benutzt wurde, scheint nach neueren Untersuchungen nicht generell zu beantworten zu sein; es handelt sich vielmehr um ortsgebundene verschiedene Erscheinungen. Es wird Gegenden gegeben haben, in denen die Bronze zuerst auftauchte, und in anderen Gegenden war es umgekehrt. Eigenartig sind Fälle, in denen Eisen als Schmuck für Bronzeschwerter benutzt wurde.

Zur Frage der Güte – besser gesagt: der Brauchbarkeit und Bewährung – wäre zu den Ausführungen von Herrn Kollegen Wever vielleicht noch schärfer herauszustellen, daß das weiche Eisenschwert dem Bronzeschwert unterlegen, das harte Stahlschwert aber dem Bronzeschwert überlegen war. Die Reihenfolge war also: zuerst das weiche Eisenschwert, dann das Bronzeschwert und schließlich das harte Stahlschwert.

Professor Dr. phil. Werner Caskel

Der Vortrag hat eine Fülle von völkerkundlichen, kulturgeschichtlichen, aber auch rein sprachlichen Problemen aufgeworfen. Ich möchte aber nur zwei Dinge kurz berühren.

In Arabien, im 6. Jahrhundert und zu Beginn des 7., galten als die besten Schwerter indische oder nach indischer Art geschmiedete. Aber ziemlich früh im Islam, bereits im 9. Jahrhundert, wurde das fränkische und das nordische Schwert besonders geschätzt. Wie aus einer Urkunde, die erst vor wenigen Jahren näher bekanntgeworden ist, hervorgeht, hat um 905 die Markgräfin Bertha von Toscana – sie stammte aus dem Karolingischen Hause und war eine Tochter Lothars II., eine sehr unternehmende und tätige Frau – eine Gesandtschaft zum Kalifen al-Muktafi nach Bagdad geschickt. Das Hauptgeschenk für diesen waren Schwerter.

Dann möchte ich noch darauf aufmerksam machen, daß der älteste Philosoph des Islam, der Araber al-Kindi, im 9. Jahrhundert eine Abhandlung über Schwerter verfaßt hat. Später hat der hervorragende Gelehrte Berûni, der 973 in Chwarezm, das später Chiwa hieß, einer alten Stätte der Kultur, nicht weit vom Aralsee, geboren wurde, in seinem Steinbuch ausführlich über Schwerter und ihre Herstellung aus Eisen und Stahl gehandelt. Beide sind gründlich vor über zwanzig Jahren (in A. Zeki Validi, Die Schwerter der Germanen, nach arabischen Berichten des 9. bis 11. Jahrhunderts, ZDMG 90, 1936, 19–37) besprochen worden.

Professor Dr. phil. Fritz Micheel

Eine Bemerkung zur Frage der „Nitrierung“ des Eisens: Es wäre vom chemischen Standpunkt aus verständlich, wie das Verfahren von Wieland dem Schmied zu einem besonders guten Stahle führt. Der Kot der Vögel, die nach seinem Verfahren die Eisenfeilspäne mit der Nahrung erhielten, ist reich an Harnsäure, also einem Purinderivate. Die stickstoffreichen Purine sind schwer verbrennbar und hinterlassen beim Glühen eine stickstoffreiche Kohle, die nur langsam verbrennt. Es wäre denkbar, daß beim Einschmelzen des aus dem Kote wiedergewonnenen Eisens eine gewisse Nitrierung des Eisens durch diese stickstoffhaltige Kohle erzielt wird. So könnte man die besondere Härte und Güte der nach diesem Verfahren erhaltenen Klingen verstehen, sofern das Ganze nicht nur eine Fabel ist.

Professor Dr.-Ing. Ernst Hermann Schulz

Die Dichter der Wielandsage haben ein technisches Verfahren mit starker dichterischer Freiheit ganz erheblich umgestaltet: Der Zusammenhang zwischen dem Geflügel-Kot und der Verbesserung des Stahles liegt darin, daß das weiche Eisen in organische Stoffe, unter anderem eben in Kot, eingepackt und geglüht wurde. Es wanderten dann Kohlenstoff und auch Stickstoff in das Eisen ein und machten es härter und durch Abschrecken härtbar. Es handelt sich um eine Art der in der modernen Technik noch heute gebräuchlichen Zementation. Wir wissen heute – ich komme darauf in meinem Vortrag ausführlicher zurück –, daß dieses Verfahren schon sehr alt ist, weil wir in alten Eisen-Funden Stickstoffgehalte fanden, die viel höher sind als die, die im nicht nachbehandelten Rennfeuer-Eisen auftreten können.

Dr.-Ing. Karl Daeves

Ich glaube die Frage beantworten zu können. Wir haben seinerzeit zusammen mit dem Forschungsinstitut der Vereinigten Stahlwerke in Dortmund das Verfahren von Wieland dem Schmied nachgeprüft. Wir glühten feine Eisenfeilspäne in einer Umgebung von Vogelmist, reinigten das Produkt, schweißten die Teilchen zusammen und verschmiedeten das Ganze. Dabei konnten wir außer der zu erwartenden Aufnahme von Kohlenstoff (Aufkohlung) eine erhebliche Stickstoffaufnahme (Aufstickung, Nitrierung) feststellen. Beide Bestandteile bewirken nach geeigneter Wärmebehandlung eine starke Härtesteigerung, wobei vielleicht interessant ist, daß das Verfahren der Nitrierung technisch erst in den letzten Jahrzehnten neu erfunden und eingeführt wurde.

Ein solcher Schmiedekörper besteht nach dem Härten aus lauter kleinen Körnchen, die in der Mitte weich und zäh und am Rand sehr hart sind. Wir stellten dann aus diesem „Stahl“ Messerchen her, die bei der üblichen Prüfung auf Papierblättern eine wesentlich bessere Schneidfähigkeit als handelsübliche unlegierte moderne Messer aufwiesen. Sehr wahrscheinlich ruhrt diese hohe Schneidfähigkeit von der unmittelbaren Nachbarschaft und innigen Verbindung sehr harter und sehr zäher Teilchen. Es ist also durchaus möglich, daß dieses Verbund-Material des alten Sagenhelden überlegene Eigenschaften auch hinsichtlich Schneidfähigkeit und Zähigkeit aufwies. Das Grundprinzip, Körper aus kleinen, selbst wieder geschichteten Teilchen mit unterschiedlichen Eigenschaften in den einzelnen Schichten herzustellen, kann möglicherweise in der modernen Pulvermetallurgie wieder Eingang finden. Bis heute sind jedoch keine derartigen Messer oder Schwerter bekannt.

Professor Dr. theol. P. Thomas Ohm

Ich möchte darauf hinweisen, daß die Gewinnung und Verarbeitung von Eisen in Afrika nicht bloß in dem Gebiet festzustellen ist, das hier genannt wurde, also in Kamerun. Auch in Ostafrika (Tanganjika, Mosambik) ist sie festgestellt worden. Diese Verarbeitung ist viel bekannter als wir gewöhnlich annehmen. Am Nyassa, wo ich z. B. selber war, wird aus dem Sandeisen des Sees in ganz primitiven Hochöfen aus Lehm das Eisen gewonnen und verarbeitet. Dabei möchte ich bemerken, daß der Beruf des Schmiedes und des Eisenmachers in Afrika in hohem Ansehen steht. Eisen kann nur von dem gewonnen und verarbeitet werden, der ein Zauberer ist. Ein anderer kommt nicht in Frage.

Bemerken möchte ich außerdem, daß die Eisengewinnung und -verarbeitung in allerengstem Zusammenhang mit altem Sexualkult steht. Das kommt schon in der Form der Hochöfen zum Ausdruck. An den Hochöfen sind weibliche Brüste usw. Das ist sehr wichtig.

Zum Thema Bronzezeit/Eisenzeit folgendes: Ich persönlich möchte meinen, daß man gar nicht allgemein sagen kann, die Bronzezeit kommt erst nach der Eisenzeit. Es gibt Gebiete, in denen es überhaupt keine Bronzezeit gegeben hat.

Staatssekretär Professor Dr. h. c. Dr. E. h. Leo Brandt

Haben die von Ihnen im Tanganjika besuchten Negerstämme – Sie haben uns eine Reihe guter Aufnahmen von kleinen Hochöfen aus diesem von

Ihnen besuchten Erdteil gezeigt – immer noch diese selbst hergestellten Hochöfen in Betrieb?

Professor Dr. theol. P. Thomas Ohm

Die Hochöfen, die aus Kamerun gezeigt wurden, sind viel komplizierter als die Hochöfen, die heute in Tanganjika in Gebrauch sind. Für mich ist die Frage interessant: Woher haben diese Leute die Verhüttung des Eisens? Ist sie von höheren Kulturen hergekommen und ist hier eine komplizierte Verarbeitung primitiv geworden, oder geht die primitive Verarbeitung einer komplizierten Form voran? Kommt die Eisengewinnung und -verarbeitung von Arabien, von Syrien oder von Griechenland? Alles ist ungeklärt. Aber die Gewinnung und Verarbeitung des Eisens ist in Afrika bei ganz „primitiven" Völkern sehr verbreitet.

Professor Dr. phil. Franz Wever

Wenn die Archäologen besser mit den Technikern zusammengearbeitet hätten, würde man auf viele Fragen eine Antwort geben können. Hoffentlich kommt diese Zusammenarbeit in Zukunft zustande. Gerade die Untersuchungen von Naumann an dem Schwert aus Lurestan und von Schürmann an der Rennfeuerschlacke haben gezeigt, was die moderne Metallkunde für die Archäologie leisten kann.

Prälat Professor Dr. theol. Dr. phil. E. h. Georg Schreiber

Ich bin heute hierher gekommen, um etwas zu lernen. Ich glaube sagen zu dürfen, daß das der Fall war. Zunächst habe ich allerdings gedacht, ist denn nicht ein solcher Vortrag, der uns über das Schwert unterrichtet, eine Sache aus dem Antiquariat? Leben wir doch in der Zeit der Raketen und Atombewaffnung. Doch wird man sagen müssen, was uns heute geboten wurde, ist mehr als ein Blick in die Eisenschmiede. Darüber hinaus war es ein Gang durch die Kulturzeitalter der Menschheit. *Goethe* hat in seinem Faust das Problem des Eisens nicht aufgegriffen. Aber die monumentale Linienführung der Bibel hat auch in dieser Hinsicht eine größere und universalere Reichweite.

Wenn ich selbst zu der Materie spreche, so deswegen, weil die Geschichte des *Erzbergbaus* mich seit Jahren beschäftigt hat und noch beschäftigt. Ein Heft in der Arbeitsgemeinschaft steht noch aus.

Nun will ich hier zu Ihnen nicht über die Kohlenstoffmischung und über die Phosphatmischung in Sachen des Schwertes sprechen, sondern ich möchte einige andere und verwandte Gebiete herausgreifen, im Sinne einer Ergänzung und Weiterführung.

Herr Kollege *Ohm* hat davon gesprochen, daß den Schwarzen im afrikanischen Erdteil etwas daran liegen müßte, über das Schwert und sein Schicksal einiges zu erzählen. Ein durchaus berechtigter Hinweis. Wird doch die Geschichte des Schwertes zur Historie des Zaubers. Noch ein anderer Fragenbereich. Ein nachgelassener Band des verstorbenen Archäologen Richard *Delbrück* in Bonn über die ältesten Südostasienfahrten weckt auch manche Überlegungen zur Geschichte des Schwertes. Daher wirft sich nämlich die weitere Frage auf: Ist am Ende doch *Afrika* der bestimmende Erdteil und tritt nicht Vorderasien in die zweite Linie? Es ist jenes Afrika, das nicht nur den Feldherrn Hannibal und den Kirchenlehrer St. Augustinus von Hippo hervorbrachte, das aber schon weit früher erlebte, daß die Karthager schon in alten Zeiten den Weg um das Kap genommen haben. Ja, es war jenes Afrika, das in dem Indischen Ozean, ja hinüber bis zum Stillen Ozean nach dem Bonner Gelehrten Delbrück seine Wege fand. Jene Überlegung tritt in der Tat stark heraus: Wer ist älter, die gerühmte asiatische Kultur oder am Ende die Selbsthilfe afrikanischer Gruppen?

Sie haben vom *Zauberer* gesprochen. Man sagt, wenn man heute nach den Faröer-Inseln geht, erlebt man noch, daß auch die Faröer ganz wie die Südsee-Insulaner noch ihren Zauberer haben. Solch ein Zauberer bewaffnet sich einst oder heute noch mit einer Axt und mit einem Schwert. Archaisches machte sich geltend.

Weiter wissen wir, daß nach alter Auffassung der Besitz der Weltherrschaft für *Attila* an sein Schwert gebunden war. Wir hören sodann in der Sage, daß Odins Schwert gewonnen werden konnte. Wer es besaß, wurde Schlachtenkaiser. Er gewann also Sieg auf Sieg. Doch auch ein Schwert kann sich verzehren. Dieses Odinsschwert zerschellt am Widerspruch dieser germanischen Gottheit, wenn sie sich gereizt fühlte.

Sie haben von Sexualvorstellungen gesprochen. Es ist ja die Kraft des Zaubers, das sich auch in diesen Bereichen geltend macht. Wir haben ja das Schwert im *Brautbett*. Die Volkskundler haben sich bemüht, es zu erklären. Da sind Meinungen, das Schwert sei Symbol der *Befruchtung*. Das Schwert rückt auch in die Schwangerschaft der Frau und in die Geburt. Man kann einem Kinde, das mit einer Schlange am Hals geboren wird, nur helfen, wenn man auf das Neugeborene ein Schwert legt. Zum Zauber treten derart die Befreiung und die Erlösung.

Das Schwert spielte sodann eine große Rolle beim *Begräbnis.* Das finden wir bei den verschiedensten Völkerschaften. Warum wird es bei der Bestattung mitgeführt? Nun, man muß sich nach dem Volksglauben der bösen Geister erwehren, eine Schwertfunktion ersten Ranges, die immer wieder an den Zauber erinnert. Eine apotropäische Sicht, die überhaupt im Umkreis dieser Waffe deutlich hervortritt.

Der *Waffensegen* ist erwähnt worden. Darüber hat der große Liturgiewissenschaftler Adolf Franz in seinen Benediktionen gehandelt. Aber dort ist der Gedanke des Zaubers in die Interpretation nicht genügend eingebaut. Das müßte noch geschehen.

Ein Wort auch über das *Richtschwert.* Schade, daß Herr Wever, der allerdings andere und so wertvolle Bilder mit sich führte, keines gezeigt hat. Man hätte ihm vielleicht ein solches im Germanischen Museum ausgeliehen. Man ist dort großzügig. Sie haben das Gold in den Verzierungen des Schwertes angedeutet. Nicht nur wegen der Verzierungen verwendete man Gold, sondern weil das Gold ein Zaubermittel ersten Ranges ist. Deshalb hat das Schwert einen Goldknauf.

Das Bannen der bösen Geister muß auch dann stattfinden, wenn *Braut* und *Bräutigam* das Haus betreten. Das Schwert muß nach älterem Volksglauben dabei sein, um Ungünstiges abzuwehren. Es geht nicht anders. Soeben erwähnte ich schon das sagenmächtige Richtschwert. Wenn es seine Funktion richtig erfüllen will, muß diese Waffe geheimnisvoll klingen. Sie hat seine eigene Musik. Es vermenschlicht dieses Schwert. Wir haben einen Bericht aus Bremen aus der Mitte des 16. Jahrhunderts. Damals sind 80 Seeräuber enthauptet worden. Man machte vielleicht damals schneller Prozesse als heute bei den Krawallen von Halbstarken. Nun war es so, daß dieses Schwert bei der Hinrichtung im mittelalterlichen Bremen wohl achtzigmal klirrte. Aber es wird berichtet, daß es zum Erstaunen der Zuschauer noch ein weiteres Mal, nämlich einundachtzigmal klirrte. Man war verwundert, wie das kam. Nun, der Scharfrichter wurde einige Jahre später selbst hingerichtet. Untrüglich wies dieses Schwert in die Zukunft, wie ein Orakel.

Das *Türkenschwert,* das krumme, hat eine große Rolle in der Kultur des Mittelmeeres gespielt, nicht nur in den Türkenschlachten, darüber hinaus in der Volkskunst. Ich habe mir einmal ein Türkenschwert arbeiten lassen, und zwar in der Gegend des Chiemsees, nämlich in Traunstein. Das „Model", wie der Bayer sagt, war bei einem Wachszieher noch vorhanden. Es konnte in rotes Wachs gegossen werden. Es gab sich herrlich für jeden, der Freude an der Volkskunst hat. Das Türkenschwert rückte übrigens auch in die deutsche *Sage.* Man braucht es übrigens als Votivgabe zum Dank, daß man aus den schweren Türkenschlachten gesund und heil zurückkehrte. Manche Heimatmuseen haben manches Stück bewahrt.

Sie sprachen vom *Leinenkleid* beim Arbeiten. Der Schmied hat eine hierarchische, fast priesterliche Stellung. Er braucht dieses Leinenkleid. Warum? Um böse Geister abzuwehren. Die weiße Farbe hat eine aprotopäische Kraft. Der Schmied muß also solch ein weißfarbiges Kleid besitzen, damit nun dieses Schwert, das er aufbereitet, wirklich etwas Gutes wird.

Das Verhältnis des Schwertes zum Bronzeschwert wurde berührt. Auch eine ernste Fragestellung. Das *Metallschwert* mit seiner Zauberkraft ist der Steinaxt im Volksglauben weit überlegen. Das Metallschwert ist mit der Geschichte der aufstrebenden Menschheit eng verbunden. Das Edelmetall, das Erz, Silber und Gold, bleibt so begehrenswert. Es ist neben der technischen Überlegenheit der metallische Klang des Schwertes, der, wie erwähnt, die Steinaxt brutal zurückdrängt. Nur das Metall besitzt ja in der Wertung des Volkes geheime Kräfte. Von diesem Metall her wächst ja *Wieland* der Schmied in die gemein germanische Sage. Die großen Schmiede Regin und Mime wollen ebenso erwähnt sein. Der Schmied St. Eligius, Bischof von Noyen, beschäftigte die christliche Legende und wirkt als Zunftpatron im Mittelalter und in nachfolgenden Jahrhunderten.

Manches Völkerkundliche ist erwähnt. Man könnte auch den *Schwerttanz* nennen. Bereits *Tacitus* hat über dieses Brauchtum berichtet. Die Erklärung von seiten der Volkskundler ist unterschiedlich. Man glaubt an eine Darstellung bzw. an eine Abwehr von guten und bösen Dämonen, im besonderen an den Kampf zwischen Sommer und Winter. Man denkt ebenso an einen Analogiezauber für den Krieg, aber auch an einen Fruchtbarkeitsritus, wiederum an einen Innungstanz in den Städten. Der westfälische Kreis Steinfurt hat nach Bächtold-Stäubli in seinen Bauernhöfen ebenfalls Erinnerungen an diesen *Schwerttanz.*

Sie erwähnten an einer Stelle den *Kot* als Beimischung zum Schwert. Sie hätten vielleicht auch das *Hahnenblut* nennen können, ein mythologischer Stoff ersten Ranges. Es gibt immer noch Leute, die glauben, daß die Hähne auf dem Kirchturm wegen des Wetters angebracht sind, und dem Radio und dem Fernsehen Konkurrenz machen. Der Hahn bedeutet für solche Zusammenhänge noch etwas anderes. Er führt eben den Zauber mit sich, vorab mit dem Hahnenblut.

Zu *Österreich* ist die Volkskunde wohl stärker mit der Geschichtsforschung verbunden als bei uns. Kürzlich war der Historikertag in Innsbruck. Dort wurden auch volkskundliche Fragen nachdrücklich einbezogen. Auf dieser auch folkloristisch bemerkenswerten Tagung behandelte man an drei Stellen das *Rennfeuer*, einmal in Nordtirol, dann in Vorarlberg und drittens in Südtirol. Dabei berichtete unter anderen der Innsbrucker Rechtshistoriker Nikolaus *Grass* über seine Forschungen. Es ist aber die Frage, ob dieses begrüßenswerte Rennfeuer auch apotropäisch gewandte Volksvorstellungen mit sich führt.

Sie nannten den Namen *Gilles* aus dem Siegerland, einen Namen, den der Forscher gern und mit Dankbarkeit nennt.

Noch ein anderes. Wenn Sie die *romanischen* Kirchen, vor allem im süddeutschen Raum, betrachten, was sehen Sie da? Am Portal der Außenwand berichten diese Gotteshäuser über ein Schwert. Sie sehen nämlich Ritzen und Einschnitte, die im Mauerwerk angebracht sind. Wenn man in den *Kreuzzug* zog, ging man vielfach an die Pforte von Kathedralen, Abteien und Stiftskirchen und wetzte dort das Schwert.

Fromme Empfindungen mochten sich mit Auffassungen vom Zauber berühren. Wenn Sie einmal nach *Schaffhausen* kommen, dürften Sie manches Material in der *Georg-Fischer AG.* finden, in eine der besten Erzbibliotheken der Welt, die sich freundlich wissenschaftlichen Besuchern widmet.

Es überrascht etwas, daß Sie den *Dolch* nicht berührt haben. Dieser hat, was Schillers „Bürgschaft" erkennen läßt, im Zeitalter des Dionysius I., des Tyrannen von Syrakus, eine Rolle gespielt, ebenso in der italienischen Renaissance, in den Jahren von Cesare Borgia. Dazu sind in einer Spätentwicklung Dolchstoßlegenden nach dem ersten Weltkrieg aufgetaucht; daß nämlich Heimat und Etappe der Front in den Rücken gefallen wären. Natürlich Illusionen, aber in der Weimarer Zeit ein gefährliches Schlagwort.

Manches wäre noch zu sagen über das Schwert in der *Ikonographie.* Da haben wir eine ganze Reihe von Heilbringern, die das Schwert mit sich führen, als Attribut. Dieses Schwert kündet von *Martyrium.* Solche Schwertträger sind St. Paulus, Jacobus der Ältere, der nach Spanien ging und mit dem Schwert Überwinder des Islams wurde. Dahin gehört ebenso St. Katharina von Alexandrien, die zu den Rechtsgelehrten trat. Desgleichen wollen erwähnt sein, St. Matthäus, St. Lucia, St. Justina und St. Bonifatius, mit dem vom Schwert durchbohrten hl. Buch des Evangeliums. Wegen dieser

Darstellungen soll man nicht nur gedruckte Überlieferungen befragen. Darüber hinaus darf man nicht vergessen, daß die Volksphantasie ebenfalls einherschreitet. Sie mochte auch jenes Zaubers gedenken, den das Schwert mit sich führt: Geheimnisvolle Energien.

Geheimnisvolle Kräfte werden angesprochen. Möge die Religionswissenschaft, die Volkskunde, die Kunstwissenschaft auch solche Momente berücksichtigen, was bislang nicht geschah. Die Geschichte der Ostsee weiß um den Ritterorden der Schwertländer. Dieses Richtschwert der Blutzeugen hat eine aufreizende Linie. Es stammt ja aus dem Bereich des Bösen, wenn er auch in das Heilsgeschehen einbezogen ist. Das muß auch einmal als Anregung für die Forschung gesagt werden.

Wir haben überdies einen *Albert* von Lüttich (Löwen) aus dem Hause Brabant. Im Jahre 1192 kommt er von einer Synode zurück. Drei Reiter dringen auf ihn ein und ermorden ihn. Was macht die empfängliche Ikonographie daraus? Zu Füßen dieses ermordeten Pontifex breitet sie drei Schwerter aus. Das ist ein einzigartiger Zug. Hier wird das Schwert als Träger des Übels, als malum und als Instrument des Schicksals angesehen, aber ebenso als Werkzeug des Heilsgeschehens. So wird im Schwertbereich selbst die Frage von Leibniz berührt: Unde malum?

Wir haben einen großen Schwertfabrikanten, der den japanischen Schwertern in der Merowingerzeit eine gewisse Konkurrenz macht. Er lebte um 680. Er war, wie bereits erwähnt, *St. Eligius, Saint-Eloi.* Was hat er gemacht? Wundervolle Arbeiten in Gold. Er hat sich von der führenden Metallkunst von Byzanz beeinflussen lassen. Ob er auch Schwerter schmiedete, steht dahin. Jedenfalls wurde er im Mittelalter als Metallpatron geführt und damit als Schutzherr von Erzbergwerken anerkannt. Eigentlich rückt sein Name auch in die Voraussehungen des *Waffensegens,* der sich vornehmlich im 11. und 12. Jahrhundert einfindet, aber dann verschwindet. Der Waffensegen – heute sprechen wir von Abrüstung, das ist die andere Seite – hat zu Kontroversen geführt. Die Kirche wurde auf die Anklagebank gesetzt, weil sie einst diese Benediktion erteilte, die vom Volk zum abergläubischen Kugelsegen abgewürdigt wurde. Der Waffensegen ward, was man vielfach übersieht, stark gegen den Islam angewendet, auch gegen die Heiden. Denken Sie an das Rolandsschwert und an das Rolandslied. Aber lassen wir das. Es sind zeitgeschichtliche Erscheinungen, die im Ablauf der Jahrhunderte von selbst zurücktraten.

Aber, Herr Vortragender, ich möchte Ihnen auch deswegen danken, weil Sie, auch als Vertreter der *Max-Planck-Gesellschaft,* gesprochen haben und weil wir alle empfinden, wie wichtig es ist, daß neben der Hochschule noch besondere Forschungsinstitute bestehen, im Zeichen der Kooperation. An dem Vortrag war das Erfreuliche, daß Sie als Naturwissenschaftler und Techniker gleichzeitig die Geistesgeschichte einbauten. Der Vertreter von Phosphaten und Kohlenstoff reichte dem Germanisten und Rechtshistoriker die Hand, ebenso dem Religionswissenschaftler und Volkskundler.

Professor Dr. theol. P. Thomas Ohm

Ich möchte noch eine Bemerkung anfügen. Sie haben wahrscheinlich heute morgen alle in der Zeitung gelesen, daß die Sikh in Indien einen eigenen Staat verlangen und die Erlangung eventuell mit Gewalt durchsetzen wollen. Dabei möchte ich darauf hinweisen – das ist mein Anliegen –, daß in einem Vortrag über Mythos und Schwert vielleicht ein Hinweis auf diese Sikh angebracht ist, weil wohl keine Religion in so wesentlicher und inniger Verbindung mit dem Schwert steht wie die Religion der Sikh. Zu jedem Mann gehört ein großes, krummes Schwert. Wenn ich daran gedacht hätte, hätte ich eine eigene Aufnahme von einem solchen Schwert mitbringen können. Jeder Mann muß ein Schwert haben. Er ist wesentlich Kämpfer und muß seine Religion mit Gewalt, mit Kampf durchsetzen. Einer der Gründer dieser Religion hat offen gesagt: Schlagt die anderen tot, wo ihr nur könnt.

Frau Professor Dr. phil. Eleanor Consten

Nur noch ein kleiner Beitrag aus der japanischen Kulturgeschichte: Die Japaner besitzen die schönsten und kostbarsten Sammlungen chinesischer Bilder aus der Blütezeit der chinesischen Malerei, der Sungzeit, also dem 12. und 13. Jahrhundert. Diese Bilder haben sie vor allem im 15. Jahrhundert gesammelt und mit Schwertern bezahlt.

Professor D. theol. Karl Heinrich Rengstorf

Ich möchte nur auf zwei Dinge hinweisen.
Was den Gebrauch des Schwertes im Zauber betrifft, so sollte man nicht gewisse Züge des deutschen Märchens übersehen, in denen das Schwert auch

zum Keuschheitszauber gebraucht wird. Es spielt eine Rolle zwischen Mann und Frau, wenn es auch nach der Hochzeit aus irgendwelchen Gründen nicht zur letzten Verbindung kommen darf. In solchen Fällen liegt wohl das bloße Schwert nachts zwischen ihnen. Es wird sich lohnen, einmal darauf zu achten. Herr Kollege *Ohm* hat ja bereits erklärt, daß das Schwert zu alten Sexualriten Beziehungen hat. Es läßt sich indes, wie angedeutet, mehr sagen: Im Schwert tritt Eisen sogar als ausgesprochener Keuschheitszauber in Erscheinung. Diesen Dingen einmal in größerem Zusammenhang nachzugehen, dürfte sich um so mehr empfehlen, als Walter *Baumgartner* vor einigen Jahren in der Festschrift für Alfred Bertholet (1950) hat zeigen können, daß das genannte Märchenmotiv keineswegs auf die germanische Welt beschränkt ist, sondern – wenn auch als ausgesprochen apotropäisches Mittel – auch eine weite Verbreitung im vorderen Orient gefunden hat.

Nun zum anderen! Durch Ausgrabungen, die der frühere Münstersche Archäologe Karl *Lehmann*, der jetzt in Haydenville, Mass., lebt, auf Samothrake durchgeführt hat, ist erwiesen, daß hinter den alten Mythen von göttlichen Schmieden geschichtliche Erinnerungen aus früher Zeit stecken, und das ist um so wichtiger, als Samothrake eine der klassischen Stätten der Verehrung der großen Mondgöttin ist.

Es ist wohl bezeichnend, daß nicht der Archäologe, sondern der große Mythenforscher Karl *Kerényi*, der in unserem Kreise nicht unbekannt ist, das bei einem Besuch in Samothrake erkannt und in den größeren religionsgeschichtlichen Zusammenhang eingeordnet hat, wie er mir vor einigen Jahren mündlich berichtete. Wenn ich mich recht entsinne, so sagte er bei dieser Gelegenheit auch, daß diese ältesten Eisenschmelzen in Übereinstimmung mit der mythischen Überlieferung von der Schmiede des Gottes Hephaistos tief unter der Erde liegen. Ist das so, dann sind die Hochöfen nichts anderes als Versuche, den Schmelzprozeß in einer gewissermaßen ursprünglichen Form über der Erde fortzuführen. Offensichtlich bedurfte man zunächst einfach aus religiösen Gründen der Abgeschlossenheit und Verborgenheit, wenn man Eisen gewann. Und dahinter mag die Überzeugung stehen, daß letztlich das Eisen als solches durch die Art seiner Gewinnung dies beides mit religiöser Wucht forderte.

Über die Ergebnisse neuerer metallkundlicher Untersuchungen alter Eisenfunde und ihre Bedeutung für die Technik und die Archäologie

Von Prof. Dr.-Ing. *Ernst Hermann Schulz*, Dortmund

Im Schrifttum über die Geschichte des Eisenhüttenwesens sind bislang weitaus vorherrschend die Verfahren und Einrichtungen zum Erschmelzen und Verarbeiten behandelt worden; die Entwicklung des erzeugten Werkstoffes, die Art und die Wandlungen seines Aufbaues und seiner Eigenschaften haben nur wenig Beachtung gefunden. Gewiß sind Ergebnisse von Untersuchungen von Eisenerzeugnissen aus lang zurückliegenden Zeiten veröffentlicht worden, sie reichen jedoch bei weitem nicht aus, um daraus ein Gesamtbild der Entwicklung zu gewinnen. Daran hindert auch oder sogar noch mehr die Tatsache, daß die bisherigen derartigen Untersuchungen meist mangelhaft durchgeführt wurden und daher keine oder nur geringe Schlußfolgerungen zuließen, gelegentlich kam es sogar zu abwegigen Deutungen. Der Hauptgrund für diese Mängel lag darin, daß die Untersuchung sich fast immer auf eine chemische Analyse beschränkte; diese wurde ausgeführt an Spänen, die entweder – wie das bei der Untersuchung moderner Eisen- und Stahlerzeugnisse üblich und zweckentsprechend ist – über den ganzen Querschnitt des Stückes entnommen wurden (so ergab sich eine *durchschnittliche* Zusammensetzung), oder aber es wurde eine einzelne Stelle zur Spanentnahme angebohrt; dann gab die Untersuchung die Zusammensetzung nur dieser Stelle wieder. Die alten Eisenerzeugnisse sind jedoch immer ungleichmäßig aufgebaut, so daß die beiden Verfahren kein Bild der Beschaffenheit ergeben konnten – gerade die Art des ungleichmäßigen Aufbaues ist aber in seinen Einzelheiten für die metallkundliche Beurteilung eines Fundes meist sehr wichtig. Die chemisch-analytische Untersuchung muß daher unbedingt ergänzt werden vor allem durch Gefügeuntersuchungen, wie sie meines Wissens erstmalig H. Hanemann (1) durchführte, er fand aber kaum Nachfolger.

Es ist verständlich, daß bei Museen starke Hemmungen dagegen bestehen, Sammlungsstücke für metallkundliche Untersuchungen zur Verfügung zu stellen, da sie dabei zum mindesten verletzt werden. Wieder infolge der Ungleichmäßigkeit im Aufbau werden außerdem meist die Ergebnisse einer

Untersuchung um so geringer und unsicherer, je stärker die Entnahme von Probewerkstoff beschränkt ist; für den Metallkundler liegt sogar der Idealfall nur dann vor, wenn er das Stück weitgehend zerschneiden kann – das bedeutet aber die Zerstörung seines Charakters als Schaustück. Diese Hemmungen dürften noch dadurch gesteigert worden sein, daß die Ergebnisse der früheren Untersuchungen aus den dargelegten Gründen für die Archäologen nichts oder doch nur sehr wenig besagten. Es ist sogar gelegentlich von ihnen Klage darüber geführt worden, daß sie bei chemisch-analytischen Untersuchungen von Proben aus ein und demselben Fund durch zwei verschiedene Metall-Laboratorien unterschiedliche Ergebnisse erhielten; es war das aber offenbar wieder eine Folge der Ungleichmäßigkeit des Stückes: die aus verschiedenen Stellen entnommenen Proben hatten eben wirklich verschiedene Zusammensetzungen. Und schließlich waren die Beziehungen zwischen Archäologen und Metallkundlern überhaupt recht gering. Das ist um so mehr zu bedauern, als für beide Teile die Ergebnisse zweckmäßiger Untersuchungen von alten Funden von Interesse, ja von Bedeutung sind, wobei allerdings nur in einer engen Zusammenarbeit beider Disziplinen das Bestmögliche aus den Ergebnissen herauszuholen ist.

Seit etwa 10 Jahren führt der Geschichtsausschuß des Vereins Deutscher Eisenhüttenleute planmäßig Untersuchungen alter Eisenerzeugnisse unter Berücksichtigung der vorstehend umrissenen Gesichtspunkte, daher auf neuer Grundlage, durch. Es ist bemerkenswert, daß sich unabhängig davon ähnliche Entwicklungen auch im Ausland, insbesondere in der Tschechoslowakei, angebahnt haben (2).

Die nachstehenden Ausführungen sind auch ein Versuch, zu dem Ausbau der Beziehungen zwischen Archäologen und Metallkundlern beizutragen.

I. Ausgangspunkte der heutigen Untersuchungen

Der eigenartige, vom modernen Eisen und Stahl stark abweichende Aufbau der alten Eisenerzeugnisse hat seinen Hauptgrund darin, daß das Metall beim Erschmelzen nicht, wie das heute der Fall ist, im flüssigen, sondern im teigigen Zustand gewonnen wurde; es entstand in Form kleiner und kleinster Klumpen, die stark mit Schlacken durchsetzt waren, oft so weitgehend, daß sie einen schwammigen Charakter hatten. Die Klumpen mußten daher zunächst durch ein Verschmieden wenigstens von einem Teil der Schlacken befreit werden; zur Gewinnung von Stücken für die Verarbeitung zu Werkzeugen mußte außerdem oft eine Anzahl von ihnen durch ein verschweißendes Zusammenschmieden miteinander vereinigt werden, wobei die Schlacke noch weitergehend herausgequetscht wurde. Das Verschweißen wurde andererseits durch die das Metall durchsetzende Schlacke begünstigt.

Die Ausgangsklumpen waren ferner vielfach in ihrer chemischen Zusammensetzung verschieden, das gilt besonders für den Gehalt an Phosphor, oft auch für den an Kohlenstoff. Die fertig geschmiedeten Stücke waren daher aufgebaut aus Streifen, Strähnen usw., die verschieden zusammengesetzt und deshalb von mehr oder weniger unterschiedlicher Härte, Festigkeit und Zähigkeit waren. Zwischen diesen einzelnen Strängen zogen sich dann oft Schlackenzeilen hin. Bei der verschweißenden Verschmiedung der aus den einzelnen Klumpen gewonnenen rohen Stäbe wurden vielfach auch Abfälle von Stücken älterer Erzeugung, zerbrochene alte Werkzeuge usw. – also im heutigen Sinne Schrott – mit verschweißt. Maßgebend dafür war einmal die Wirtschaftlichkeit: Der damalige hohe Wert des Eisens zwang zur weitgehenden Ausnutzung auch solcher Abfälle. Außerdem war dieser Schrott bereits früher verschmiedet, also gleichmäßiger und schlackenärmer geworden, das war ein gewisser Qualitätsvorteil. Da dieser Schrott aber von ganz anderen Erzeugungsstätten stammen konnte, wurde durch seine Verwendung unter Umständen die Ungleichmäßigkeit des neuen Stückes erhöht.

Die ungleichmäßige Zusammensetzung und der auch nach dem verschweißenden Schmieden immer noch verhältnismäßig hohe Gehalt des Werkstoffs an Schlacken wirkte sich bei manchen Verwendungszwecken ungünstig aus (Verringerung der Zähigkeit und des Widerstandes gegen Beanspruchung quer zur Faserrichtung, Neigung zu Längsrissen, Rißbildung beim Härten durch Abschrecken usw.). Ein grundsätzliches Streben der alten Hüttenleute war daher die Überwindung dieser nachteiligen Auswirkungen der Ungleichmäßigkeit und der Verunreinigung durch Schlacken. Der einzig mögliche Weg dazu war ein öfter wiederholtes verschweißendes Verschmieden: Die zunächst aus den Klumpen gewonnenen Stäbe wurden nicht unmittelbar zu Werkzeugen weiterverarbeitet, sondern quer durchgebrochen, und die beiden Hälften wurden der Länge nach miteinander verschweißt. Dieses Verfahren konnte dann – sogar mehrere Male – wiederholt werden; je öfter das geschah, desto weitergehend wurden die Ungleichmäßigkeiten behoben und desto mehr wurde Schlacke abgeschieden. Dem stand aber eine Hemmung in wirtschaftlicher Beziehung entgegen: Je höher auf diese Weise die Gleichmäßigkeit und die Reinheit getrieben wurden, desto kostspieliger wurde das Erzeugnis durch den Aufwand an Arbeit.

Aus diesen Umständen wird es erklärlich, daß die Höchstleistung der Stahl-Verarbeitung in alten Zeiten besonders in der Herstellung von Waffen, vor allem von Schwertern, zutage tritt. Während das Zerbrechen eines anderen Werkzeugs oder Geräts nur wirtschaftliche Nachteile brachte – Kosten für die Instandsetzung oder den Neuerwerb –, konnte ein Versagen der Waffe im Kampf den Tod bedeuten. Daher wurde für die Herstellung von Schwertern wirtschaftlich ein besonders großer Aufwand getrieben, er machte sich eben hier bezahlt. So ist tatsächlich in den alten Waffen in vielfältiger Weise ein besonders hoher Stand der Technik in der Herstellung und Verarbeitung festzustellen.

Die fast ausschließliche Verwendung des Eisens zu Werkzeugen, insbesondere zu solchen zum Zerteilen, zum Schneiden usw., ergab ein zweites bedeutsames Ziel der alten Hüttenleute. Fast durchweg wurde die Leistung eines Schneidwerkzeuges um so höher, je härter es war. Das bei der alten Herstellung im Rennfeuer entstehende Metall war aber weitaus vorherrschend sehr weich, da es nur sehr wenig Kohlenstoff – unter 0,1 % – enthielt; es entspricht damit in seiner Härte und Festigkeit etwa unserem heutigen weichsten Stahl. Die Härte des Stahles kann bekanntlich gesteigert werden dadurch, daß man ihm einen höheren Kohlenstoffgehalt erteilt. Der Gewinnung eines Werkstoffs mit einem solchen höheren Kohlenstoffgehalt (mindestens 0,5 %) galt daher ein starkes Streben der alten Hüttenleute. Diese Stähle mit höherem Kohlenstoffgehalt haben noch einen weiteren großen Vorteil: Sie können durch ein schroffes Abkühlen aus heller Rotglut, durch ein Abschrecken, in ihrer Härte noch ganz wesentlich gesteigert werden. Sowohl durch einen höheren Kohlenstoffgehalt an sich als auch besonders durch die Abschreckbehandlung nimmt allerdings die Zähigkeit des Stahles ab, er wird spröder, was für die Verwendung, insbesondere für Waffen, einen Nachteil bedeuten konnte. Dem kann jedoch durch eine zweite Wärmebehandlung, ein Erhitzen auf weniger hohe Temperaturen – als Anlassen bezeichnet – entgegengewirkt werden; dabei nimmt allerdings die Härte etwas ab.

Der höhere Kohlenstoffgehalt war im Stahl auf zwei verschiedenen Wegen zu erzielen. Entweder konnte durch entsprechende Leitung des Schmelzprozesses und insbesondere durch die Verwendung von Erzen mit höherem Mangangehalt unmittelbar ein Stahl höheren Kohlenstoffgehalts gewonnen werden. Diese Vorbedingungen dafür waren besonders in der Steiermark gegeben; darin ist der bereits zur Römerzeit bekannte gute Ruf des „norischen Stahles" begründet. Da die alten Hüttenleute rein auf Grund von Erfahrung und Tradition, also empirisch arbeiteten, war aber diese unmittelbare Erschmelzung eines Stahles höheren Kohlenstoffgehaltes an sich, vor allem aber die Erreichung eines bestimmten günstigen Gehaltes, stets mit Unsicherheit behaftet. Aus diesen Gründen war der harte „Stahl“ erheblich wertvoller als das weiche „Eisen“.

Der andere Weg zur Erzielung eines höheren Kohlenstoffgehaltes besteht darin, daß ein kohlenstoffarmer, also ein weicher Werkstoff eingepackt wird in Stoffe, die vorzugsweise aus Kohlenstoff bestehen (Holzkohle oder andere verkohlte organische Substanzen) und darin lange Zeit auf hohe Temperaturen erhitzt wird. Unter diesen Umständen wandert Kohlenstoff allmählich in das Eisen ein – es handelt sich um das auch in der heutigen Technik für bestimmte Zwecke noch benutzte Zementieren des Stahles. Da eine Diffusion des Kohlenstoffs in den Stahl sehr langsam vor sich geht, sind für diese Behandlung lange Glühzeiten, damit ein hoher Aufwand an Brennstoff und Arbeitskraft, erforderlich, was wiederum zu hohen Kosten führt. Der harte „Stahl“ war also – das muß als wichtig herausgestellt werden – auf alle Fälle kostspieliger als das weiche „Eisen“.

Zur Klarstellung der Begriffe der alten Zeiten sei noch bemerkt, daß das weiche Erzeugnis als „Eisen“, das an Kohlenstoff reichere, härtbare als „Stahl“ bezeichnet wurde. Beide Stoffe wurden ihrer Art nach streng voneinander unterschieden, obwohl in Wirklichkeit vom weichen „Eisen“ zum harten „Stahl“ bei einer allmählichen Steigerung des Kohlenstoffgehalts ein durchaus kontinuierlicher Übergang besteht.

II. Untersuchungsverfahren

Nur kurz soll an dieser Stelle eingegangen werden auf die Verfahrenstechnik bei der Untersuchung von alten Funden, ausführlich wird darüber demnächst an anderer Stelle berichtet werden (3). Der Gang der Untersuchung im einzelnen hängt häufig ab von der Größe und der Form des Stückes und vor allem davon, ob und wieweit es verbraucht oder nur an einer bestimmten Stelle verletzt werden darf (durch Entnahme eines Stückchens geringen Umfangs). Daher läßt sich eine allgemein gültige Anweisung nicht festlegen, immerhin ist in den meisten Fällen folgender Versuchsgang zu empfehlen. An einem Schnitt durch das Stück wird eine Schliff-Fläche hergestellt und mit geeigneten Ätzmitteln behandelt, es ist dann bereits mit bloßem Auge oder bei schwacher Vergrößerung der Aufbau des Stückes zu erkennen (makroskopische Ätzung). Auf diese Weise läßt sich besonders die Verteilung des Phosphors und des Kohlenstoffs feststellen. Auf der geätzten Schliff-Fläche wird dann an möglichst vielen Stellen die Härte bestimmt. Dabei werden die Härteeindrücke möglichst so angeordnet, daß die Härten der durch die Ätzung verschiedenartig erscheinenden Zonen einzeln für sich ausgewertet werden können. Es ist dann bereits wenigstens der Größenordnung nach festzustellen, ob und wieweit die höhere Härte einzelner Zonen auf einen höheren Kohlenstoffgehalt oder auf einen höheren Phosphorgehalt zurückzuführen ist. Von großem Vorteil ist es, wenn ergänzend zu dem ersten noch weitere Schnitte durch das Stück (insbesondere rechtwinklig zu dem ersten) gelegt werden können, um diese in gleicher Weise zu untersuchen.

Die Schliff-Flächen können dann nach einem erneuten Schleifen und Polieren durch eine Ätzung mit anderen Mitteln für eine mikroskopische Untersuchung benutzt werden; diese gibt Aufschluß darüber:

1. ob das untersuchte Stück im nur geschmiedeten bzw. geglühten Zustand vorliegt oder ob es wärmebehandelt, insbesondere gehärtet wurde,
2. wie hoch der Kohlenstoffgehalt an verschiedenen Stellen bzw. in verschiedenen Zonen ist. Ist das Stück nur geschmiedet bzw. geglüht, so ist das unmittelbar möglich. Liegt dagegen gehärteter Werkstoff vor, so ist für die Beurteilung des Kohlenstoffgehaltes zunächst eine Probe auszuglühen.

Zur Kennzeichnung der Möglichkeit, den Kohlenstoffgehalt aus dem mikroskopischen Gefüge mit meist ausreichender Genauigkeit zu schätzen, seien als Beispiele zwei Gefügebilder wiedergegeben, die aus alten Funden stammen. Abb. 1 gibt das Mikrogefüge eines ganz weichen Eisens mit einem Kohlenstoffgehalt von weniger als 0,05 % wieder, es ist also fast reines Eisen. Die dicken schwarzen, im Bild waagerecht verlaufenden Zeilen sind Schlackeneinschlüsse, die hier besonders stark ausgebildet sind. Die feinen schwarzen Linien sind Begrenzungen der Kristalle des fast reinen Eisens. Abb. 2 zeigt dagegen das Gefüge eines Stahles mit rund 0,6 % Kohlenstoff; das helle Netzwerk ist wieder reines Eisen, der vorherrschende dunkle Gefügebestandteil enthält fast den gesamten Kohlenstoff, der in ihm auf etwa 0,85 % angereichert ist.

Erst nach diesen Untersuchungen, die kaum einen Verbrauch an Material darstellen, sollte an die chemische Analyse herangegangen werden. Im Idealfall wird dabei die chemische Zusammensetzung getrennt in den verschiedenen Zonen ermittelt, die bei der makroskopischen Gefügeuntersuchung in Erscheinung traten. Je weitergehend, also je feiner das durchgeführt wird, desto besser ist es, desto kostspieliger wird aber die Untersuchung. Es ist da-

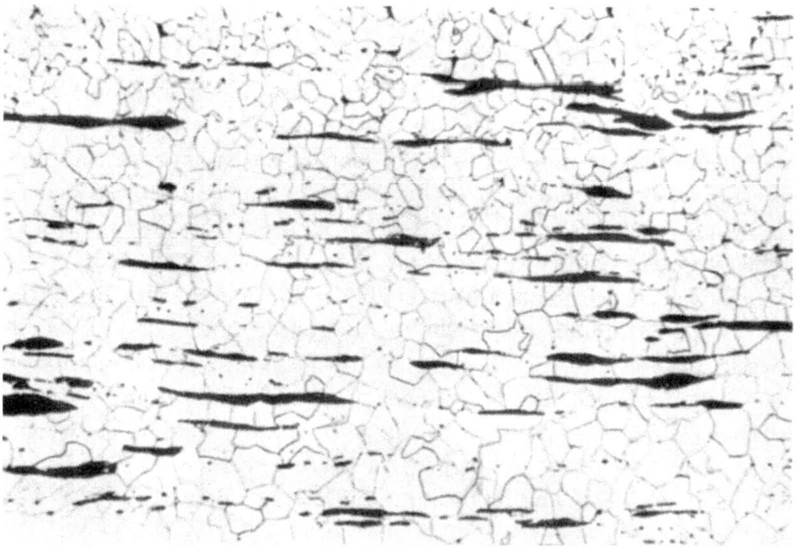

Abb. 1. Mikroskopisches Gefüge von Eisen mit weniger als 0,05 % Kohlenstoff; stark mit Schlackeneinschlüssen durchsetzt (× 100)

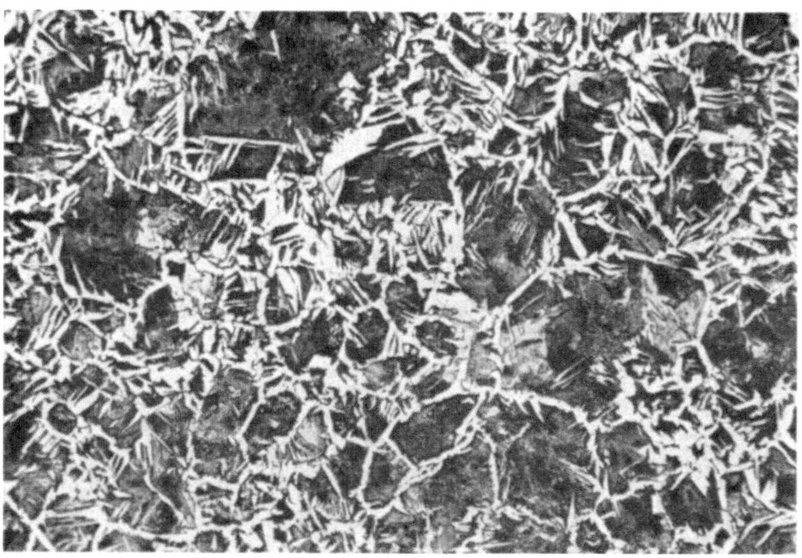

Abb. 2. Mikroskopisches Gefüge von Stahl mit rund 0,6 % Kohlenstoff (× 100)

her von Fall zu Fall zu überlegen, wieweit solche Feinprüfungen (Mikroanalysen) überhaupt notwendig und wirtschaftlich tragbar sind. Wie bereits dargelegt, kann der Kohlenstoffgehalt meist durch die mikroskopische Untersuchung genügend genau an den verschiedenen Stellen ermittelt werden, von seiner chemischen Bestimmung kann in sehr vielen Fällen abgesehen werden. Weiterhin ist es gewöhnlich zwecklos, den Silizium- und den Schwefelgehalt zu bestimmen; sie liegen bei den alten Erzeugnissen fast ausnahmslos in der gleichen geringen Größenordnung und sind daher ohne Bedeutung. Am wichtigsten ist neben dem Kohlenstoffgehalt der Phosphorgehalt. Sehr zu empfehlen ist die Bestimmung des Gehaltes an Kupfer, Nickel und Arsen – sie ist teilweise spektroskopisch, also ohne großen Stoffverbrauch und an verschiedenen Stellen möglich. Der Mangangehalt ist eigentlich nur in Stücken höheren Kohlenstoffgehaltes von Bedeutung. In solchen sollte aber, wenn eben möglich, auch noch der Stickstoffgehalt bestimmt werden. Auf die Bedeutung dieser Begleitelemente und damit ihrer analytischen Bestimmung wird weiter unten eingegangen.

Schließlich ist zur Frage der chemischen Untersuchung noch einzugehen auf den Gehalt an Schlacken und die Zusammensetzung dieser Verunreinigung. Nach dem unter I. Ausgeführten ist es verständlich, daß aus der Höhe des Schlackengehaltes u. U. wenigstens grobe Schlüsse gezogen werden können auf den Grad der Verarbeitung durch Verschmieden. Es sind gewisse Hoffnungen gesetzt worden auf Möglichkeiten einer Auswertung der chemisch-analytischen Untersuchung der aus den Stücken isolierten Schlakken; diese Hoffnungen haben sich jedoch bislang kaum erfüllt. Vielleicht könnten aber im Laufe der weiteren Entwicklung die Ergebnisse solcher Untersuchungen doch einmal eine Grundlage bilden für Schlußfolgerungen auf die zur Herstellung des betreffenden Stückes verwendeten Erze. Hier – wie übrigens auch in anderen Richtungen – liegt noch ein weites unbeackertes Feld planmäßiger Forschung vor uns.

III. Über die zeitgeschichtliche Entwicklung des Eisenwerkstoffs

Eine eingehendere Darlegung der zeitlichen Entwicklung des Werkstoffs Eisen ist nicht Zweck dieses Aufsatzes und würde auch seinen Rahmen sprengen. Erforderlich sind aber einige grundsätzliche Angaben.

1. Das erste von Menschen benutzte Eisen war gediegenes Metall, nämlich Meteoreisen; der älteste Fund daraus stammt aus der Zeit kurz nach 4000

v. Chr., also aus dem Steinzeitalter. Dieser Werkstoff ist daher nach H. L. Quiring anzusprechen als ein durch Hämmern „verformbarer Stein". Auf Grund seiner großen Seltenheit war er sicherlich kein eigentlicher Gebrauchsstoff, seine Verwendung dürfte Schmuck- und sakralen Zwecken vorbehalten gewesen sein. Dafür spricht, daß Beigaben im Sarkophag von Tut-ench-Amon, insbesondere die Kopfstütze, aus Meteoreisen bestehen. Bemerkt sei noch, daß Meteoreisen durch Hämmern bei Raumtemperatur wie normales Eisen härter wird, so daß es immerhin möglich war, daraus Schneidwerkzeuge mit guter Schneidfähigkeit herzustellen.

Meteoreisen ist als solches leicht zu identifizieren, da es stets einen erheblichen Gehalt (über rund 5 %) an Nickel besitzt, der leicht spektroskopisch nachweisbar ist; er erreicht dagegen in dem nach alten Verfahren aus Erz erschmolzenen Eisen höchstens Spuren.

2. Die ältesten Funde aus Eisen, das aus Erz erschmolzen worden ist, stammen aus dem 3. Jahrtausend v. Chr. Eine größere Verbreitung und Verwendung des Metalls entwickelte sich aber offenbar viel später, d. h. wenig vor 1000 v. Chr., und zwar in verschiedenen Ländern von unterschiedlichen Zeitpunkten ab. Die älteste und wohl auf sehr lange Zeiten mengenmäßig weitaus vorherrschende Art dieses Eisens war auf Grund ihres geringen Gehalts an Kohlenstoff (meist unter 0,1 %) sehr weich.

Wohl seit dem 2. Jahrtausend v. Chr. gelang es durch Verwendung besonders dafür geeigneter Erze und auf Grund von Erfahrungen beim Schmelzbetrieb auch den Werkstoff höheren Kohlenstoffgehalts zu gewinnen, der härter als das weiche Erzeugnis und durch Abschrecken härtbar ist. Der älteste Fund aus solchem Werkstoff wird auf die Zeit um 1200 v. Chr. datiert – das ist also der Zeitpunkt, von dem ab etwa das Eisen wirklich Gebrauchsmaterial wurde.

Im 15. Jahrhundert setzte allmählich eine Umstellung in der Gewinnungsart des Eisens ein: Der schmiedbare Werkstoff („Eisen" und „Stahl") wurde nicht mehr unmittelbar durch Reduktion von Erz im Rennfeuer gewonnen, es wurde – allerdings nur in allmählicher Entwicklung – vielmehr aus dem Erz zunächst ein sehr hoch kohlenstoffhaltiges, daher nicht schmiedbares Metall hergestellt („Roheisen"), aus dem dann in einem zweiten Arbeitsprozeß (Frischfeuer) schmiedbares „Eisen" bzw. „Stahl" gewonnen wurde. Diese verfahrenstechnisch sehr wichtige Umstellung hatte aber – das ist hier bedeutsam – auf den Charakter bzw. die Eigenschaften des Erzeugnisses keinen Einfluß. Es ist also nicht möglich, durch die metallkundliche Untersuchung eines Eisenfundes festzustellen, ob er unmittelbar, d. h. nach dem

Rennverfahren, oder auf dem Weg über Roheisen im Frischfeuer gewonnen wurde. Eine Änderung des Werkstoffcharakters trat erst 1740 ein, als es dem Engländer B. Huntsman gelang, auf dem bislang üblichen Wege hergestellten Stahl in Tiegeln umzuschmelzen und so einen gleichmäßigen und überaus schlackenarmen Werkstoff zu gewinnen. In der zweiten Hälfte des 19. Jahrhunderts wurden dann die Verfahren zur Gewinnung des schmiedbaren Eisens im flüssigen Zustand entwickelt, die eine ganz neue Epoche einleiteten.

Vorher blieb der Charakter des schmiedbaren Eisens von seiner ersten Gewinnung bis ins 18. Jahrhundert hinein der gleiche.

3. Gewisse Variationen ergaben sich aber in der oben bereits umrissenen Nachbearbeitung des im Rennfeuer oder Frischfeuer gewonnenen Metalls, um es gleichmäßiger zu machen, seinen Gehalt an Schlacken zu vermindern und so seine Güte und Leistungsfähigkeit zu erhöhen. Die Wirkung des kräftigen Schmiedens des einzelnen Stückes in dieser Beziehung wurde weitergetrieben, wenn man eines oder mehrere Stücke auf geringe Abmessungen ausschmiedete, die so gewonnenen dünnen Stäbe in kürzere Stücke zerbrach, diese bündelte, die Bündel neu erhitzte und verschweißend miteinander verschmiedete. Dabei konnten nun auch Stäbe aus weichem „Eisen“ und hartem „Stahl“ miteinander verschweißt werden. Auf die technische und vor allem wirtschaftliche Bedeutung dieser Arbeitsweise wird unter V 4 näher eingegangen. In dieser besonderen Art der Verarbeitung waren mannigfache Abwandlungen möglich, die im Erzeugnis durch metallkundliche Untersuchungen nachweisbar sind. Es könnte sein – zu einer sicheren Angabe reichen die vorliegenden Untersuchungen nocht nicht aus –, daß diese Variationen, die sich ja nur auf Grund der Empirie und langer Tradition ausbilden konnten, mindestens zu einem Teil zeitlich oder örtlich gebunden waren.

IV. Grundsätzliche Möglichkeiten und Grenzen der Auswertung von Funduntersuchungen

Aus den vorstehend mitgeteilten Feststellungen und Überlegungen lassen sich bereits einige Folgerungen hinsichtlich der Auswertung metallkundlicher Untersuchungen alter Eisenfunde besonders für die Archäologie ziehen.

1. Begonnen werden muß mit einer negativen Feststellung: Es ist – jedenfalls beim jetzigen Stand unserer Kenntnisse – nicht möglich, aus der metallkundlichen Untersuchung eines alten Eisenfundes Schlüsse auf den Zeitpunkt seiner Gewinnung, also auf sein Alter zu ziehen. Das muß deshalb betont

werden, weil einerseits von der Archäologie öfter diese Erwartung ausgesprochen oder sogar die Forderung erhoben wird und weil andererseits von Untersuchungsstellen infolge ungenügender Kenntnis der Zusammenhänge gelegentlich doch solche Aussagen gemacht worden sind, die dann aber der Beweiskraft entbehren. Der Grundcharakter eines Eisenerzeugnisses aus der Zeit vor der Gewinnung des schmiedbaren Eisens auf flüssigem Wege ist der gleiche, ob es lange vor Christi Geburt oder aber erst im 19. Jahrhundert hergestellt wurde.

2. Auch die Möglichkeit einer Bestimmung der Gegend, in der ein Stück hergestellt wurde, ist z. Z. noch kaum vorhanden. Die für die Gewinnung des Eisens in den verschiedenen alten Herstellungsgebieten verwendeten Erze sind zwar teilweise unterschiedlich zusammengesetzt, d. h. die Begleitelemente können in ihrer Art und in der Höhe des Gehalts Unterschiede aufweisen. Die meisten der Begleitelemente gingen aber bei der Verhüttung der Erze praktisch vollständig in die Schlacke und nicht in das Eisenmetall; in diesem selbst sind daher Feststellungen darüber nur beschränkt möglich.

Immerhin ist in dieser Hinsicht für die Verhältnisse in Mitteleuropa zweierlei wenigstens von gewisser Bedeutung. Die Eisenerze des Siegerlandes zeichnen sich aus durch einen verhältnismäßig hohen Kupfergehalt, und Kupfer trat bei den alten Erschmelzungsverfahren weitgehend in das Eisen über; ein Kupfergehalt von über 0,1 % in einem alten Eisenfund legt daher die Vermutung nahe, daß er aus Siegerländer Erz stammt; völlige Sicherheit ist aber leider dafür nicht gegeben.

Die Erze der Steiermark haben meist einen besonders hohen Gehalt an Mangan; allerdings ging das Mangan fast gänzlich in die Schlacke. Aber die Schlackeneinschlüsse des aus steirischem Erz gewonnenen Eisens und Stahles sind dementsprechend auch sehr reich an Mangan; das kann chemisch-analytisch festgestellt werden, woraus sich dann die Vermutung der steirischen Herkunft des Fundes ergibt, aber wiederum auch nur die Vermutung. Im übrigen haben auch die Siegerländer Erze vielfach einen hohen Mangangehalt.

In neuerer Zeit ist vielfach vorgeschlagen worden, alte Eisenfunde genauer als bisher auf nur in Spuren darin vorkommende Begleitelemente – insbesondere Arsen, Chrom, Nickel – zu untersuchen, um so Zusammenhänge mit dem zur Herstellung verwendeten Erz festzustellen und damit auf die Gegend der Gewinnung schließen zu können. Ausgelöst wurden diese Anregungen zum Teil dadurch, daß solche Untersuchungen bei alten Bronzefunden große Erfolge ergaben. Aus verschiedenen Gründen liegen die Verhältnisse bei Bronze aber ungleich günstiger als beim Eisen. Bislang sind dem Verfasser auch noch keine Erfolge einer solchen Untersuchung beim Eisen bekannt geworden; immerhin werden diese Anregungen bei den jetzt laufenden Untersuchungen selbstverständlich berücksichtigt, um vielleicht noch nicht erkannte Möglichkeiten – seien sie auch nur gering – auszuschöpfen.

Bei Versuchen zur Deutung der Herkunftsgegend ist dann noch ein Umstand zu beachten, das ist die bereits oben gestreifte „Schrott-Wirtschaft". Im Zusammenhang mit der Wanderung von Eisenerzeugnissen durch den Handel können Schrottstücke der verschiedensten Herkunft gelegentlich an irgendeiner Erzeugungsstelle mitverarbeitet worden sein, ohne daß sie herstellungsmäßig mit dieser Stelle irgendwie im Zusammenhang stehen. Das kann eine Deutung unter Umständen ungünstig beeinflussen, könnte aber vielleicht gelegentlich einen Aufschluß geben über alte Handelswege und Handelsbeziehungen.

3. Ein weites Feld positiver und wohl bedeutsamer Auswertungen der Untersuchungsbefunde ergibt sich aber nach dem neuerlichen Arbeiten in einer anderen Richtung. Es wurde oben unter III 3. darauf hingewiesen, daß in der Weiterverarbeitung des rohen, im Renn- oder Frischfeuer gewonnenen Eisens mannigfache Variationen nachweisbar sind, vor allem beim Zusammenschweißen verschiedenartiger Ausgangsstäbe. Hier gibt es einerseits primitive, andererseits recht verwickelte, also hoch ausgebildete Arbeitswege, die die metallkundliche Untersuchung entschleiert. Jedes Stück spiegelt somit oft den „Stand der Technik" im Zeitpunkt seiner Herstellung wieder. Da die zweckmäßige Form der Untersuchungen erst in neuer Zeit ausgebildet wurde, sind noch nicht sehr viele Unterlagen gewonnen; es ist aber anzunehmen, daß im Laufe der weiteren Arbeiten sich Zusammenhänge feststellen lassen zwischen bestimmten Arten des Aufbaues bzw. der Art der Herstellung einerseits und bestimmten Herstellungs-Zeiten oder bestimmten Erzeugungsgegenden. Dabei könnten zeit- oder ortsgebundene Typen des Aufbaues gefunden werden. Hier eröffnet sich ein großes, wahrscheinlich fruchtbares Feld der Zusammenarbeit zwischen Archäologen und Metallkundlern.

V. Kennzeichnende Ergebnisse einer Anzahl von Untersuchungen

Die vorstehend in allgemeiner Form gebrachten Überlegungen, Feststellungen und Aussichten sollen im folgenden an Hand charakteristischer Ergebnisse einiger Untersuchungen im einzelnen belegt werden. Die Darstellung ist dabei in rein metallkundlicher Beziehung etwas knapp gehalten; eine eingehende Behandlung ist an anderer Stelle vorgesehen (3).

Vorweg soll an zwei einfachen Beispielen gezeigt werden, welche unterschiedlichen Befunde an äußerlich durchaus gleich erscheinenden Stücken sich ergeben können und wie sie auszudeuten sind. Abb. 3 gibt makroskopisch einmal auf Kohlenstoff-, das andere Mal auf Phosphorverteilung geätzte Quer- und Längsschliffe durch ein keilförmiges Stück alter Erzeugung wie-

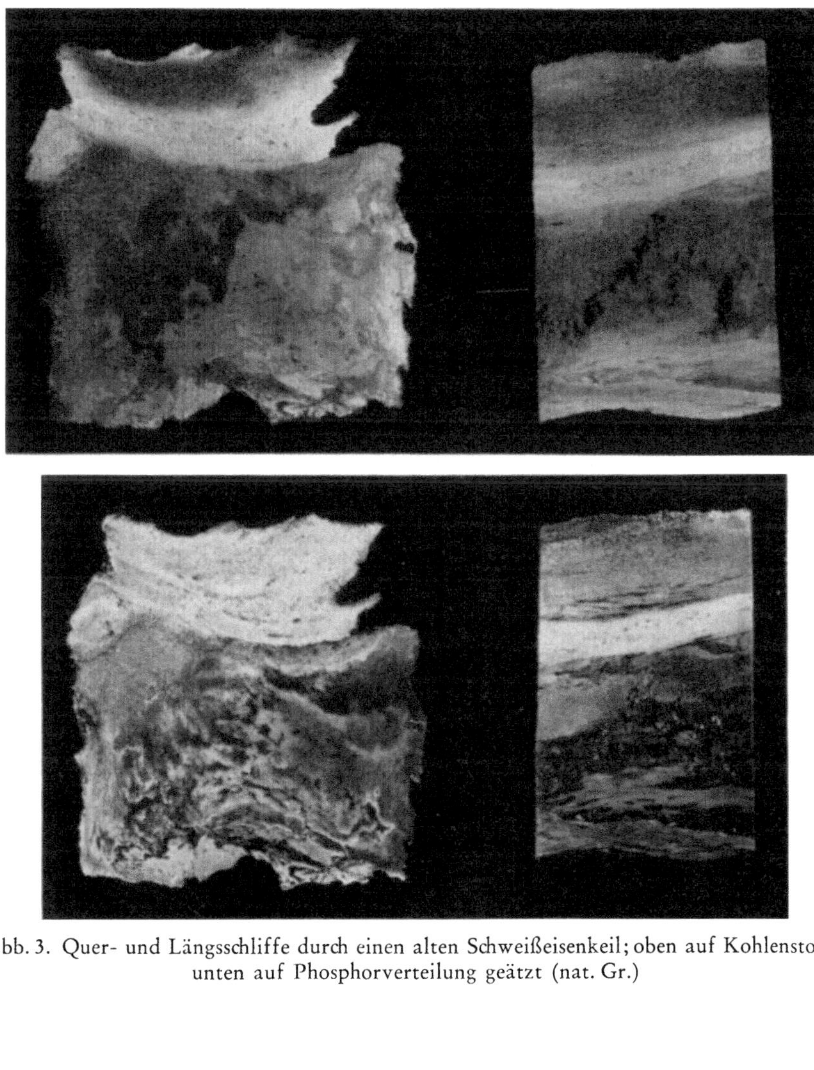

Abb. 3. Quer- und Längsschliffe durch einen alten Schweißeisenkeil; oben auf Kohlenstoff-, unten auf Phosphorverteilung geätzt (nat. Gr.)

der. Die in ihrer Helligkeit sehr unterschiedlichen Zonen weisen hin auf entsprechend unterschiedliche Verteilung der Begleitelemente Kohlenstoff bzw. Phosphor. In den linken Einzelbildern weist dunklere Tönung auf höheren Kohlenstoffgehalt, in den rechten auf höheren Phosphorgehalt hin. In den linken Bildern fallen drei Zonen ins Auge: Oben im Bild liegt eine dunkle, an sie schließt sich eine helle an, und der große untere Teil ist insgesamt dunkel, aber recht ungleichmäßig. Bei den rechten Einzelbildern zeigt sich dagegen im Querschliff oben nur eine breitere helle Zone; der untere große Teil ist jedoch wie beim linken Einzelbild, sogar noch stärker, „fleckig". Auf dem Querschliff wurde die Härte in den verschieden getönten Zonen ermittelt; sie schwankte teilweise auch innerhalb ein und derselben Zone recht stark, dabei ergaben sich aber durchaus klare Unterschiede in der Härte der einzelnen Zonen, wie aus der zweiten Spalte der Tafel 1 zu erkennen ist. Ferner wurden aus den in Tafel 1 gekennzeichneten Zonen Späne entnommen und darin die Gehalte an Kohlenstoff, Phosphor, Kupfer und Arsen bestimmt; die Ergebnisse sind in der Tafel mitgeteilt. Insgesamt gesehen ergibt sich daraus ganz entsprechend den Erscheinungen in den Makrogefügebildern folgendes:

a) In der oberen dunklen Zone liegt ein Werkstoff vor, der durch recht hohen Kohlenstoff- und geringen Phosphorgehalt gekennzeichnet ist. Die – ziemlich gleichmäßige – hohe Härte ist bedingt durch den hohen Kohlenstoffgehalt.

b) Die anschließende helle Zone ist dagegen sehr arm an Kohlenstoff, der Phosphorgehalt ist noch als gering zu bezeichnen. Die Härte, die wieder nicht sehr schwankt, ist dementsprechend gering.

c) In der in Tafel 1 etwas willkürlich unterteilten gesamten großen unteren Zone, die im Gegensatz zu den beiden anderen bereits im Gefügebild sehr ungleichmäßig erschien, streuen dementsprechend auch die Härtewerte sehr viel stärker als in den beiden anderen Zonen. Die chemisch-analytisch ermittelten Werte sind daher nur als Durchschnittswerte für die drei wie gesagt etwas willkürlich voneinander abgegrenzten Teilflächen dieser Zone anzusehen. Alle drei zeigen aber einen – allerdings im einzelnen wieder recht unterschiedlichen – viel höheren Phosphorgehalt als die beiden anderen Zonen. Der Kohlenstoffgehalt nimmt von links oben nach rechts unten sehr deutlich ab. Die Härte wird einerseits vom Kohlenstoff-, zum andern vom Phosphorgehalt bestimmt; in der rechten unteren Teilzone müßte nach dem Kohlenstoffgehalt die Härte etwa der der oberen hellen Zone entsprechen; daß sie deutlich höher ist, ist eine Folge des hohen Phosphorgehaltes. Alle drei Einzelteile der großen unteren Zone zeigen ferner einen allerdings wieder schwankenden erheblich höheren Arsengehalt als die beiden oberen.

Danach ist der Keil offenbar entstanden durch das Zusammenschweißen dreier Ausgangsstränge:

a) einem in sich ziemlich gleichmäßigen mit hohem Kohlenstoff- und geringem Phosphor- und Arsengehalt (Zone 1 in Tafel 1);
b) einem ebenfalls in sich ziemlich gleichmäßigen mit geringem Kohlenstoff-, Phosphor- und Arsengehalt (Zone 2 in Tafel 1); dieser Teil war dementsprechend sehr weich;
c) einem den größten Teil des Querschnitts des Keils ausmachenden, der aber in sich recht ungleichmäßig war (Zone 3 in Tafel 1). Er unterschied sich grundsätzlich von den beiden anderen durch einen durchweg viel höheren Phosphor- und Arsengehalt. Dieser Strang ist offenbar selbst wieder aus verschiedenen Ausgangssträngen aufgebaut; vielleicht war er ein „Schrottstück". Insgesamt ist das Stück anzusprechen als ein recht primitives Erzeugnis.

Ihm sei gegenübergestellt ein Bolzen von etwa 24 x 24 mm Querschnitt, von dem je ein auf Phosphorverteilung geätzter Längs- und Querschliff in Abb. 4 wiedergegeben sind. In beiden Gefügebildern treten viele dünne, abwechselnd helle und dunkle Lamellen hervor. Das Stück ist im Gegensatz zu dem vorher besprochenen recht weit und sorgfältig verschmiedet, und zwar ist es entstanden aus flachen (im Bild waagerecht liegenden) Ausgangsstreifen, die sich in ihrem Phosphorgehalt unterscheiden. Härtebestimmungen konnten in den phosphorreicheren und phosphorärmeren feinen Streifen getrennt voneinander vorgenommen werden; die Härte ergab sich in den phosphorärmeren zu 119–133 (Mittel 125), in den phosphorreicheren zu 129–182 (Mittel 151). Die chemische Analyse mußte und konnte hier vereinfacht werden; es wurden Späne über den ganzen Querschnitt entnommen, so ergaben sich als Durchschnittsgehalte:

Kohlenstoff:	0,03 %,
Phosphor:	0,25 %.

Die mikroskopische Gefügeuntersuchung zeigte, daß der Kohlenstoff nicht schwankte, also durchweg nur etwa 0,03 % betrug. Dagegen dürfte der Phosphorgehalt – entsprechend den hellen und dunklen Streifen im Bild – teilweise bei etwa 0,15, teilweise bei etwa 0,35 % liegen. Das Stück wurde also hergestellt durch verschweißendes Verschmieden aus flachen Strängen sehr kohlenstoffarmen, aber phosphorreichen Werkstoffs, wobei jedoch der Phosphorgehalt schwankte. Es ist demnach ein erheblich gleichmäßigeres Er-

Abb. 4. Quer- und Längsschliff durch einen Schweißeisenbolzen; auf Phosphorverteilung geätzt (etwa $\times$ 3)

zeugnis, das einen viel höheren Stand der Technik verrät als das zuvor besprochene.

1. Ein rund 350 mm langer konischer Stab von 21 x 23 mm Querschnitt am dicken Ende, nach Angabe ein römischer Brückennagel aus der Zeit etwa um Christi Geburt, aus dem Rheinland stammend, ließ bereits bei einer groben Voruntersuchung einen ungleichmäßigen Aufbau erkennen. Es wurden nämlich entgegen den unter II. aufgeführten Regeln zunächst chemische Analysen an Spänen aus dem Querschnitt der beiden Enden durchgeführt, deren Ergebnisse in Tafel 2 mitgeteilt sind.

Die Gehalte an Silizium, Mangan und Schwefel stimmen zwar in beiden Fällen praktisch überein, das besagt aber nichts, da die Gehalte an diesen Elementen in alten Eisenerzeugnissen fast stets in dieser Größenordnung liegen. Ein geringer, aber doch deutlicher Unterschied erscheint im Kohlenstoffgehalt, der außerdem erheblich höher ist, als es für gewöhnliches Rennfeuereisen normal ist. Sehr unterschiedlich ist der Phosphorgehalt, während der Kupfergehalt in beiden Fällen praktisch der gleiche ist.

Von dem dicken Ende wurden nunmehr ein Querschnitt und ein Längsschnitt entnommen, geschliffen und mit einem die Verteilung des Phosphors anzeigenden Ätzmittel behandelt; Abb. 5 zeigt das Ergebnis. In beiden Schnittflächen treten überaus starke Unterschiede in der Tönung auf: von schwarz erscheinenden Zonen über graue bis zu fast weißen. Vor allem im Querschnitt ist deutlich zu erkennen, daß der Nagel aufgebaut ist aus verschiedenen Längssträngen. Um eine tiefschwarz erscheinende Zone, die aber selbst wieder aus verschiedenen Ausgangssträngen aufgebaut ist, legen sich mehrere deutlich voneinander abgesetzte graue Zonen herum, die jede für sich mindestens einen Ausgangsstrang andeuten. Diese Zonen bzw. Stränge haben also sehr unterschiedliche Phosphorgehalte, die um den als durchschnittlich am dicken Ende festgestellten Gehalt von 0,050 % stark schwanken.

Zur weiteren Klärung wurde zunächst die Verteilung des Kohlenstoffgehalts durch mikroskopische Gefügeuntersuchung an verschiedenen Stellen eines Längsschliffs ermittelt. Es zeigte sich, daß er in dem Stück in viel weiteren Grenzen schwankte, als den Zahlen in Tafel 2 zu entnehmen war, nämlich zwischen weniger als 0,1 % bis zu rund 0,6 %.

Weiter wurde von dem dünnen hakenförmig gebogenen Ende ein Längsschliff hergestellt und makroskopisch geätzt; Abb. 6 läßt wieder eine ganze Anzahl verschieden dunkler Zonen erkennen, ein Beweis für stärkere Schwankungen im Phosphorgehalt, als sie in Tafel 2 in Erscheinung treten. Auch dies Bild läßt erkennen, daß das Stück aus sehr verschiedenartigen Ausgangsstücken zusammengeschweißt ist. Auf der Schliff-Fläche wurde schließlich an verschiedenen sehr eng begrenzten Stellen spektroskopisch der Gehalt an Kupfer bestimmt. Das Ergebnis gibt Tafel 3 wieder; es zeigt, daß die in Tafel 2 mitgeteilten Durchschnittsgehalte durchaus irreführend waren, im Kupfergehalt liegen ganz außerordentlich große Schwankungen sogar auf kleinstem Raum in dem Stück vor.

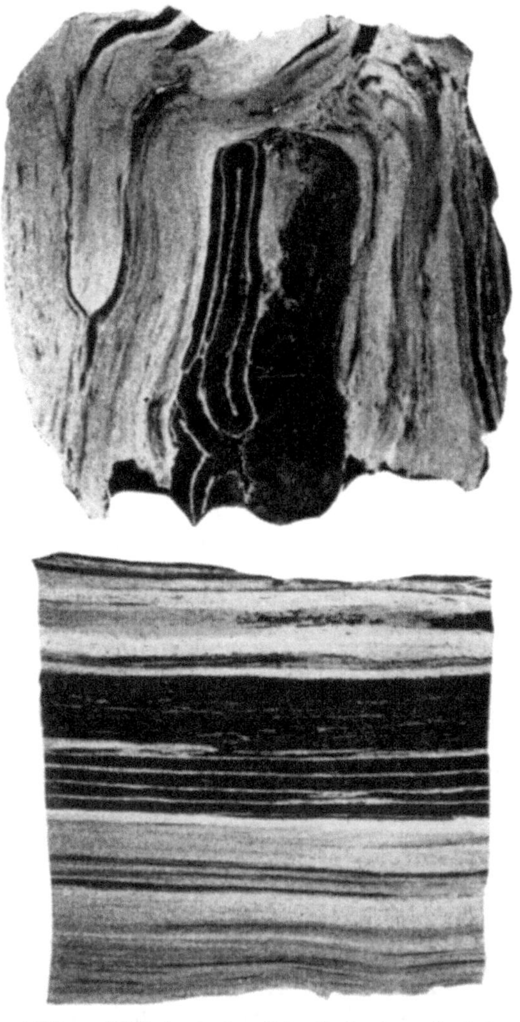

Abb. 5. Quer- und Längsschliff durch das dicke Ende eines römischen Brückennagels; auf Phosphorverteilung geätzt (× 3)

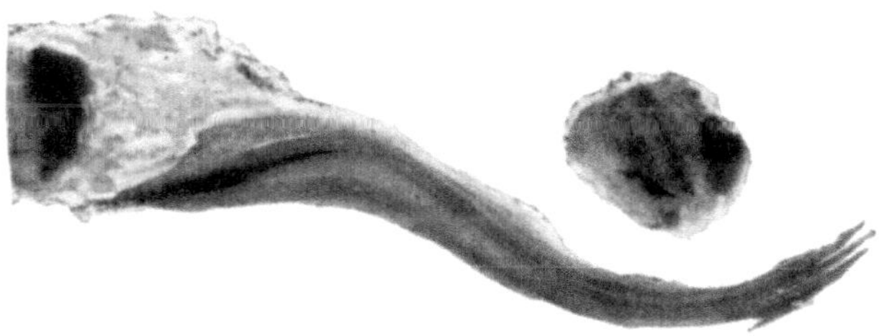

Abb. 6. Längs- und Querschliff durch dünnes Ende des römischen Brückennagels; auf Phosphorverteilung geätzt (nat. Gr.)

Aus diesen und weiteren hier nicht besprochenen Ergebnissen läßt sich mit großer Sicherheit der Schluß ziehen, daß der Brückennagel aus einer ganzen Anzahl kleinerer Ausgangsstücke zusammengeschweißt war, die in ihrer chemischen Zusammensetzung außerordentlich verschieden waren. Es drängt sich die Annahme auf, daß dabei zu einem großen Teil Abfälle, unbrauchbar gewordene Stücke usw., also Schrott, mitbenutzt wurden. Insbesondere der stellenweise hohe Kohlenstoffgehalt von rund 0,6 % weist darauf hin, da ein solcher hochgekohlter Stahl im neuen Zustand viel zu wertvoll gewesen wäre, um zu einem Brückennagel verarbeitet zu werden, für den das am leichtesten zu gewinnende weiche Eisen vollauf genügte.

2. Bereits vor einigen Jahren untersuchte der Verfasser ein Bruchstück einer Schere, das vom Niedersächsischen Landes-Museum, Hannover, zur Verfügung gestellt und dort als aus dem 3. Jahrhundert n. Chr. datiert wurde. Das wesentlichste Ergebnis war der Gehalt an Stickstoff, der sich zu 0,15 % ergab; das ist rund das Zwanzigfache des für Rennfeuereisen Normalen. Diese starke Anreicherung konnte nur durch eine Nachbehandlung des fertigen Eisens eintreten, und zwar durch ein Glühen in Substanzen, die Stickstoff in gebundener Form enthalten, also in verkohlten organischen Stoffen. Damit war der Beweis erbracht, daß das Glühen von weichem Eisen in verkohlten organischen Stoffen zum Zweck der Aufkohlung, also der Umwandlung in harten und härtbaren „Stahl", bereits kurz nach der Zeitwende zum Stand der Technik gehörte. In letzter Zeit wurden solche höheren auf diese Behandlung hinweisenden Stickstoffgehalte auch bei anderen Untersuchungen festgestellt. So fand E. Schürmann in einem Schwert aus dem Nydam-Fund, also Eisenteilen, die ebenfalls aus dem 3. Jahrhundert n. Chr. stammen, einen Stickstoffgehalt von 0,018 %, also mehr als das Doppelte des für Rennfeuererzeugnisse Normalen (4), und R. Pleiner erwähnte höhere Stickstoffgehalte in Funden aus der La-Tène-Zeit in Böhmen (2).

Diese Feststellungen haben Bedeutung in verschiedenen Richtungen. Einmal steht danach, wie bereits erwähnt, fest, daß die Aufkohlung weichen Eisens schon mindestens um die Zeitwende verbreitet war, ihren Ursprung sicher sogar in noch viel älteren Zeiten hat. Des weiteren gibt die Stickstoffbestimmung in einem alten Stahlfund jetzt die Möglichkeit einer Klarstellung, ob er aus unmittelbar im Rennfeuer erschmolzenem höher gekohltem Stahl hergestellt wurde oder ob er zunächst aus weichem Eisen geschmiedet und dann durch Glühen in verkohlten organischen Stoffen aufgekohlt, nach der alten Auffassung in „Stahl“ umgewandelt wurde.

In diesem Zusammenhang muß auch noch einmal die Angabe der Wieland-Sage erwähnt werden, wonach der hochwertige Stahl für ein Schwert dadurch erzielt wurde, daß Stahlspäne mit Kleie vermischt an Vögel verfüttert und aus deren Kot dann der Stahl erschmolzen wurde. Bekanntlich wurde diese Darstellung bereits früher dahin gedeutet, daß das Glühen weichen Eisens in verkohlten Exkrementen eine starke dichterische Umgestaltung erfuhr. Es besteht auch die Vermutung, daß zwischen dieser Benutzung von Exkrementen und der als Zusatz zu Härtewasser und sogar zu den Empfehlungen dieser Stoffe für medizinische Zwecke ein Zusammenhang besteht (5).

3. Wenn im folgenden einige Angaben mitgeteilt werden über die Auswertung besonderer chemischer Untersuchungen, so ist dazu bereits oben gesagt, daß gerade auf diesem Einzelgebiet noch viel Entwicklungsarbeit geleistet werden muß. Die noch geringen Ergebnisse an alten Funden zwingen dazu, Untersuchungen an Erzeugnissen aus dem Mittelalter mit in die Beispiele einzubeziehen.

a) Es wurde oben unter IV. die Frage erörtert, ob vielleicht aus Begleitelementen des Eisens Schlüsse gezogen werden können auf die Art der zum Erschmelzen benutzten Erze und damit auf die Gegend der Herstellung des Eisens. Erwähnt wurde dabei der unter Umständen das Siegerländer Erzeugnis kennzeichnende höhere Mangangehalt, der allerdings beim Schmelzen an Sauerstoff gebunden in die Schlacke übergeht. Diese Schlacke findet sich aber in Form von Einschlüssen im Eisen selbst; sie kann daraus isoliert und für sich chemisch untersucht werden. Solche Untersuchungen wurden ausgeführt an mittelalterlichen Baueisenstücken einmal aus dem Kölner Dom, zum andern aus dem Straßburger Münster (6). Der Gehalt der Schlackeneinschlüsse an Manganoxydul lag dabei in Teilen aus Straßburg meist unter 1 % und erreichte nur in einem Fall 1,4 %; bei den Teilen aus Köln bewegte er sich im wesentlichen zwischen 1 und 3 %, nur in einem Stück lag er unter

1 %. Im Hinblick auf die örtliche Lage der beiden Städte liegt hier die Annahme nahe, daß in der Tat bei den Teilen aus dem Kölner Dom Siegerländer Erzeugnisse, bei denen aus dem Straßburger Münster dagegen andere (Lothringen?) verwendet wurden.

Sehr hohe Gehalte an Manganoxydul in den Schlackeneinschlüssen wurden in Übereinstimmung mit der Beschaffenheit der Erze festgestellt in alten Stählen aus der Steiermark; sie lagen hier durchweg über 5 % und erreichten in einzelnen Fällen sogar Werte von rund 15 % und noch viel mehr. Es erscheint danach nicht ausgeschlossen, daß gerade der Weg über die – allerdings etwas komplizierte – Analyse der Schlackeneinschlüsse beim Vorliegen eines umfangreicheren Materials und seiner planmäßigen Auswertung noch Möglichkeiten zur weiteren Klarstellung des Charakters von alten Erzeugnissen erschließt.

Im übrigen kann auch bereits die Höhe des Gehalts an Schlacke als solche von Interesse sein, da sie ein Maß sein kann für den Grad der Verschmiedung, der selbst wieder eine Art Gütemaßstab darstellt. In Tafel 4 sind einige Beispiele mitgeteilt. Miteinander zu vergleichen sind zunächst Nr. 1 und 2: Der oben unter 1) besprochene Brückennagel hat einen doppelt so hohen Schlakkengehalt wie die kleine, feingeformte Gürtelschließe – es steht gewissermaßen „Grobschmiedearbeit" gegen „Juwelierarbeit". Bei den mittelalterlichen Baueisen schwankt der Gehalt in weiten Grenzen entsprechend dem recht unterschiedlichen Grad ihrer Verschmiedung bzw. Größe, insbesondere Dicke. Die steirischen Stähle als Qualitätserzeugnisse zeichnen sich dagegen wieder durch einen fast immer recht geringen Schlackengehalt aus.

4. Bereits die Besprechung des Brückennagels unter 1) ließ erkennen, daß besonders bedeutsame Ergebnisse über den Charakter alter Funde zu erzielen sind aus dem Studium des makroskopischen Aufbaues, der die Herstellungsweise aus den Ausgangsstücken erkennen läßt. Bei dem Brückennagel war aber der unterschiedliche Charakter der Zonen bei der Herstellung nicht beabsichtigt – er kann sogar als ein Zeichen geringerer Qualität angesprochen werden. Anders liegen die Verhältnisse, wenn mit Absicht verschiedenartige Ausgangsstäbe miteinander verschweißt wurden, um bestimmte Ziele zu erreichen. Dabei handelte es sich um das Zusammenschweißen von weichem „Eisen" mit hartem „Stahl". Diese Arbeitsweise findet sich bei alten Schneidwerkzeugen, vorzugsweise bei Klingen für Schwerter, Dolche usw., sie war sowohl technisch als auch wirtschaftlich begründet. Mit der Zunahme der Härte des Stahles durch einen wachsenden Kohlenstoffgehalt ist eine Abnahme der Zähigkeit bis zur Sprödigkeit verbunden – eine spröde, bei einer

Schlagbeanspruchung zum Bruch neigende Klinge war aber bereits bei einem gewöhnlichen Gebrauchsgegenstand von Nachteil, bei einer Waffe bedeutete sie sogar eine Gefahr. Das weiche kohlenstoffarme „Eisen“ war dagegen meist sehr zäh; durch ein zweckmäßiges Zusammenschweißen von Stäben beider Arten konnte also die hohe Schneidfähigkeit des harten „Stahls“ ausgenutzt werden, seine mangelnde Zähigkeit und die dadurch bedingte Neigung zum Brechen wurde durch das weiche „Eisen“ mindestens vermindert, wenn nicht ganz behoben. Und wirtschaftlich bedeutsam war die Tatsache, daß der harte „Stahl“, wie oben dargelegt, kostspieliger war als das weiche „Eisen“; die nur zum Teil aus „Stahl“, zum andern aus „Eisen“ bestehende Klinge war daher billiger als die nur aus „Stahl“ hergestellte.

Bereits länger bekannt sind frühmittelalterliche Klingen, die, wie Abb. 7 schematisch in einem Querschnitt zeigt, aufgebaut sind aus einer Innenlage

Abb. 7

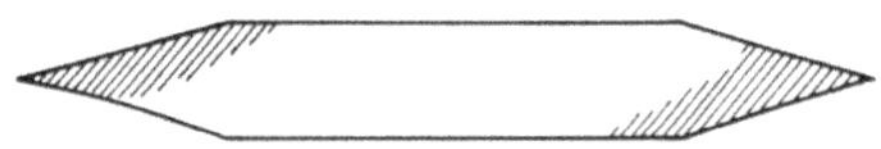

Abb. 8

Aufbau mittelalterlicher Schwertklingen, schematische Querschnitte (schraffiert: harter Stahl, weiß: weiches Eisen)

aus hartem „Stahl“, an die beiderseits Lagen aus weichem „Eisen“ angeschweißt sind. Beachtlich ist dabei, daß auch bei einem Nachschleifen die Schneide immer aus dem harten „Stahl“ gebildet wurde (7). Die gleiche Ausführung wurde gefunden bei alten Erzeugnissen afrikanischer Neger (8). Ebenso sind länger bekannt Klingen aus einem Streifen weichen „Eisens“, an den gemäß Abb. 8 schmälere Streifen von „Stahl“ angeschweißt waren, die die Schneiden bildeten (7). Neben diesen – wenigstens anscheinend – verhältnismäßig einfachen Formen sind im Schrifttum mehrfach die verwickelten behandelt, die durch das sogenannte Gärben gewonnen wurden, sowie die teilweise damit zusammenhängenden, einen Höhepunkt der Leistung darstellenden Damast-Klingen. Hierauf ist F. Wever in seinem Bericht besonders eingegangen (9). Die neueren Untersuchungen haben aber gezeigt, daß auch jene einfach erscheinenden Verbundformen eine Fundgrube für metallkundliche und archäologische Feststellungen sein dürften. Hierauf sei genauer eingegangen.

Dank dem Entgegenkommen des Römisch-Germanischen Zentralmuseums in Mainz war es möglich, kleine Ausschnitte aus vier römischen Schwertklingen eingehend metallkundlich zu untersuchen. Die im Rahmen dieses Berichts bedeutsamen Ergebnisse sind nachfolgend mitgeteilt, wegen weiterer Einzelheiten sei auf die ausführliche Originalveröffentlichung verwiesen (10).

a) Eine mit „Mainz" bezeichnete Klinge hatte einen linsenförmigen Querschnitt, ihre Breite war an der Angel 50 mm, ihre Dicke in Längsmitte 4 mm. Das Makrogefüge – halber Querschnitt nahe der Angel – ist in Abb. 9 wieder-

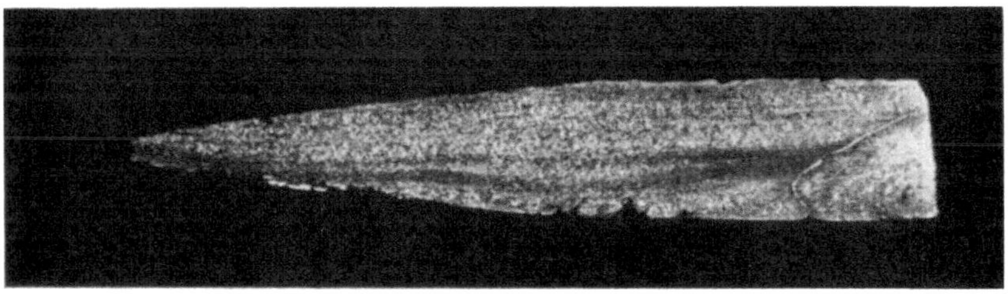

Abb. 9. Geätzter Querschliff (halbe Fläche) durch römische Klinge „Mainz" (× 5)

gegeben. Es läßt Schichtungen und Schweißnähte erkennen; die Klinge ist also durch verschweißendes Verschmieden einzelner Ausgangslagen (anscheinend mindestens fünf) entstanden. Mikroskopische Gefügeuntersuchungen und Härteprüfungen zeigten, daß die verschiedenen Ausgangslagen sich in ihrer Art nicht sehr unterschieden: Sie bestanden im wesentlichen aus einem Stahl mit etwa 0,5 bis 0,7 % Kohlenstoff, also einem harten Werkstoff. Die Gefügeausbildung an einer Stelle und der Stickstoffgehalt von 0,01 % legen die Annahme nahe, daß der hohe Kohlenstoffgehalt mindestens zum Teil durch eine Zementationsbehandlung erzielt wurde. Weiter ergab sich ein durchschnittlicher Gehalt an Phosphor und an Kupfer von je 0,02 %; bemerkenswert ist dabei der für alte Erzeugnisse überaus geringe Phosphorgehalt. Die Klinge war durch Abschrecken gehärtet; es ist aber sehr beachtlich, daß der der Angel benachbarte Teil nicht mitgehärtet war. Da das gleiche bei einer zweiten Klinge festgestellt wurde und bei einer dritten zu vermuten war, dürfte das kein Zufall, sondern auf eine gute technische Überlegung zurückzuführen sein: Die Abschreckhärtung ergibt eine gewisse Sprödigkeit; der der Angel benachbarte Teil wurde beim Schlag besonders auf Zähigkeit beansprucht und brauchte keine hohe Schneidfähigkeit zu besitzen, so war es sinngemäß und für die Benutzung des Schwertes vorteilhaft, ihn nicht mitzuhärten.

Für die Art der Klinge ist danach in erster Linie charakteristisch ihr Aufbau aus unter sich wenig unterschiedlichen Ausgangsstreifen aus Stahl höheren Kohlenstoffgehaltes, der außerdem sehr phosphorarm war.

b) Zwei weitere Klingen, bezeichnet „Worms" und „ZM 2851", hatten wie die vorstehend beschriebene linsenförmigen Querschnitt, die Abmessungen nahe der Angel waren

Klinge	Breite	Dicke in Längsmitte
	mm	mm
„Worms"	40	6
„ZM 2851"	55	3

(Klinge „ZM 2851" war stark korrodiert, so daß ihre Dicke ursprünglich größer war; ihr Querschnitt könnte also beinahe dem der Klinge „Mainz" entsprochen haben.) Beide Klingen hatten im wesentlichen den gleichen eigenartigen Aufbau, so daß hier nur der von Klinge „Worms" besprochen zu werden braucht. Abb. 10 zeigt wieder den makroskopisch geätzten Schliff eines halben Querschnitts nahe der Angel, allerdings stärker vergrößert als der in Abb. 9, um die Einzelheiten besser hervortreten zu lassen. Das Bild läßt sehr ausgeprägt den Aufbau der Klinge erkennen: Um einen im Bild hellgrau erscheinenden Kern legt sich eine die Flanken und die Schneide bildende Zone, die zum größten Teil tief dunkel ist, aber an mehreren Stellen von Feldern aus gebogenen hellen und dunklen Streifen durchzogen ist. In dem hellgrau erscheinenden Kern liegen ausgeprägte Zeilen von schwarz erscheinenden Schlackeneinschlüssen, ein Zeichen dafür, daß der Kernstrang selbst ursprünglich aus mehreren – anscheinend vier – Lagen zusammengeschweißt wurde. Die mikroskopische Gefügeuntersuchung und die Härtebestimmungen zeigten, daß dieser Kernstrang aus sehr kohlenstoffarmem, also weichem Eisen besteht.

Der die Flanken und die Schneide bildende Werkstoff war dagegen durchweg höher gekohlter, also harter Stahl. Der Kohlenstoffgehalt schwankte allerdings stark; an einigen Stellen betrug er nur etwa 0,3 %, an anderen stieg er bis auf 0,8 %; im Durchschnitt dürfte er zu etwa 0,45 % anzunehmen sein. Die Gefügeuntersuchung hatte dann noch ein Ergebnis, das in Abb. 10 kaum zu erkennen ist: Von der Schneide zieht sich eine Schweißnaht durch das dunkle Gefüge zu dem rundlichen Ende der Kernzone hin, ein Beweis dafür, daß der umhüllende harte Stahl in zwei Flankenlagen auf den Kern aufgeschweißt wurde, worauf die beiden Lagen an der Schneide miteinander verschweißt wurden. Abb. 11 gibt den vermutlichen Herstellungsgang schematisch wieder. Phosphor- und Kupfergehalt wurden in der weichen Kernzone und in den harten Flankenzonen je für sich bestimmt; es ergab sich:

Abb. 10. Geätzter Querschliff (halbe Fläche) durch römische Klinge „Worms" (× 9)

Zone	Phosphor %	Kupfer %
Kern	0,095	0,02–0,03
Flanken	0,10–0,135	0,02–0,03

Während der Kupfergehalt durchaus dem der unter a) besprochenen Klinge „Mainz“ entspricht, liegt der Phosphorgehalt erheblich höher.

Wie bereits erwähnt, entsprach der Befund bei Klinge „ZM 2851“ weitgehend dem hier beschriebenen der Klinge „Worms“; die Klinge wich nur in einem Punkte ab: Die harten Flankenzonen waren nicht zur Bildung der Schneide miteinander verschweißt, sie endeten vielmehr bereits in einiger Entfernung von der Schneide, und es war hier ein besonderer Streifen – wiederum aus hartem Stahl – angeschweißt, der die eigentliche Schneide

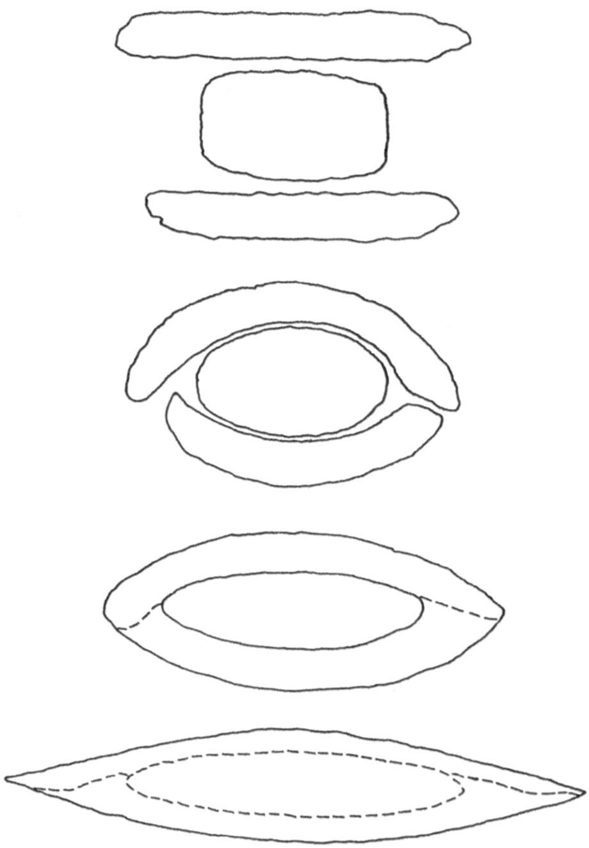

Abb. 11. Herstellungsgang der Klinge „Worms“

bildete. Es lag also in diesem Punkt eine gewisse Abwandlung des grundsätzlichen Aufbaues vor.

c) Die Klinge „H" unterschied sich bereits durch ihre außere Form von den drei anderen. Sie war über die ganze Länge rund 60 mm breit, an den dicksten Stellen – nahe den Schneiden – war sie etwa 4 mm, in der Mitte des Querschnitts nur 0,5 mm dick. Sie dürfte jedoch – vor allem in der Mitte – ursprünglich dicker gewesen, also abgerostet sein. Abb. 12 gibt einen

Abb. 12. Geätzter Querschliff durch römische Klinge „H" (× 2)

geätzten Querschliff durch die Klinge wieder. Der im Bild dunkel erscheinende große mittlere Teil erwies sich bei der mikroskopischen und bei der Härteprüfung als sehr kohlenstoffarmer, also weicher Stahl. Die beiden Schneiden waren gebildet durch an dies Mittelteil angeschweißte schmale Streifen; das tritt im Bild besonders links deutlich in Erscheinung (helle Zone). Der Kohlenstoffgehalt in diesen Schneidenzonen bzw. Streifen stieg von rund 0,4 % in der Nachbarschaft des Mittelteils bis auf etwa 0,7 % unmittelbar an der Schneide. Der Aufbau entsprach der Abb. 8, also Klingen aus dem Mittelalter. Die Klinge war durch Abschrecken gehärtet. Chemisch-analytisch wurden bestimmt:

	Phosphor %	*Kupfer* %
im Mittelteil	0,15	0,22
in den Schneiden	0,13	0,19

Auffallend ist der im Gegensatz zu den anderen Klingen hohe Kupfergehalt, der auf ein anderes Ausgangserz schließen läßt.

Es sind also bei den untersuchten Klingen drei sehr deutlich unterschiedliche Aufbauten und damit Herstellungsverfahren festzustellen, von denen aber jedes für sich einen hohen Stand der Technik verrät. Ferner sind Anzeichen vorhanden, nach denen die Benutzung verschiedener Ausgangsstoffe, d. h. Erze, anzunehmen ist.

Um den hohen Stand der Technik für die Herstellung der beschriebenen Klingen noch besonders zu kennzeichnen, ist in Abb. 13 als Gegensatz dazu

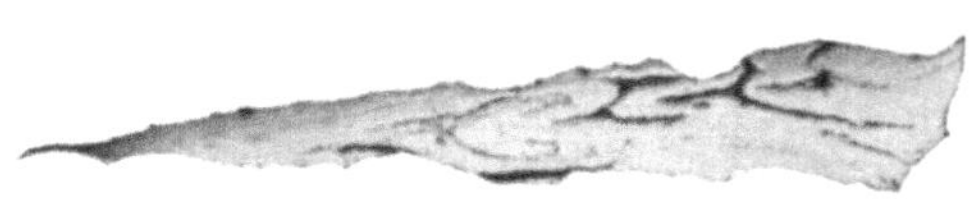

Abb. 13. Geätzter Querschliff durch keltische Klinge (× 2)

der geätzte Querschnitt durch eine einschneidige Klinge wiedergegeben, die nach den Fundumständen keltischen Ursprungs ist. Das Makrogefüge ist durchweg hell, die sich hindurchziehenden dunklen bis schwarzen Linien sind mangelhafte Schweißnähte; die Klinge ist aus mehreren unter sich gleichartigen Strängen aufgebaut, die teilweise gefaltet und schlecht miteinander verschweißt sind. Mikroskopische Gefügeuntersuchung und Härteprüfung ließen übereinstimmend erkennen, daß der Werkstoff durchweg ein kohlenstoffarmer (bis zu höchstens 0,15 %), also sehr weicher Stahl („Eisen“) ist. Hier offenbart sich also in jeder Beziehung ein sehr niedriger Stand der Technik.

Dieses letzte Ergebnis stammt aus einer Reihe zur Zeit noch laufender Untersuchungen von alten Klingen; es zeigt sich bei diesen jetzt bereits eine Vielfalt des Aufbaues und damit der Herstellungsverfahren. Nach Abschluß der Untersuchungen wird an anderer Stelle über die Ergebnisse ausführlich berichtet werden (3).

VI. Folgerungen und Zielsetzungen

Als wesentlichste Folgerung aus der Gesamtheit der vorstehenden Darlegungen ergibt sich, daß noch in ganz erheblichem Umfang alte Funde nach den hier entwickelten neuen Grundsätzen metallkundlich untersucht werden müssen; diese Untersuchungen werden zum Teil – als einzelne betrachtet – noch keine besonderen Ergebnisse zeitigen. Sie sind aber nötig zur Erzielung einer viel breiteren Grundlage, die erforderlich ist, um in Zukunft aus Untersuchungen von Einzelfunden weitergehende Schlüsse ziehen zu können. Es muß daher immer wieder die dringende Bitte ausgesprochen werden, daß Museen und andere Stellen Teile für metallkundliche Untersuchungen zur Verfügung stellen. Dabei sind zwei Wege möglich: Einmal dürften sicher ganze Stücke für die Museen entbehrlich sein, da sie ihrer äußeren Art nach in mehreren Exemplaren und in gleicher Form vorhanden sind. Betont sei dazu noch, daß in solchen Fällen selbstverständlich das am schlechtesten erhaltene, also für Schauzwecke am wenigsten geeignete Stück für die metallkundliche Untersuchung meist ausreichen wird. Der zweite Weg ist der, daß aus einem Schaustück an einer unauffälligen Stelle oder auch an einer bereits schadhaften eine Probe entnommen wird, die dann als pars pro toto untersucht wird; dabei besteht allerdings eine gewisse Unsicherheit darüber, ob die Ergebnisse an der kleinen Probe auf das ganze Stück übertragen werden können. Das ist aber um so eher und um so besser der Fall, je zweckmäßiger die Probe entnommen wird. Daher wird empfohlen, daß zwischen dem betreffenden Museum und dem untersuchenden Metallkundler eine Vereinbarung über die Probeentnahme (Entnahmestelle und Form) getroffen wird.

Als einer der wichtigsten Zwecke dieser Untersuchungen sollte ins Auge gefaßt werden, den Aufbau bestimmter Arten von Funden, insonderheit den von Klingen, dahin zu studieren, ob die Art des Aufbaues Gruppen bilden läßt, die zeitlich oder örtlich gebunden sind. Wenn solche Gebundenheiten festgestellt worden sind, so dürften in der weiteren Entwicklung einzelne Funde in eine solche Gruppe eingeschaltet und nach ihrer Herkunft und vielleicht auch Herstellungszeit beurteilt werden können.

Alles das bedeutet eine intensive Zusammenarbeit zwischen Archäologen und Metallkundlern, wie sie sich in den letzten Jahren vielfach schon in erfreulicher Weise angebahnt hat. Dabei werden die Metallkundler allerdings noch auf längere Zeit den Archäologen gegenüber stark die Nehmenden sein: Je klarer und sicherer die Archäologen Aussagen machen und dem Metallkundler übermitteln können über örtliche Herkunft und zeitliche Entstehung des Fundstückes, desto mehr wird auch der Metallkundler aus seinen Ergebnissen für den Archäologen herausholen können. Carl Bosch hat einmal den Ausspruch getan, daß sich die großen Fortschritte fast immer auf Grenzgebieten ergeben. Dieser Ausspruch dürfte hier besonders passen; sowohl Archäologen als auch Metallkundler können aus der gemeinsamen Bearbeitung des Grenzlandes zwischen beiden um so mehr Vorteile ziehen, je intensiver dieser Grenzlandstreifen von beiden Seiten beackert wird.

Zum Schluß sei noch ein Hinweis gestattet in eine Richtung, die in dem vorstehenden Bericht nicht zur Sprache kam. Bei der gemeinsamen Arbeit wird es fruchtbringend sein, wenn auch Sprachwissenschaftler zur Mitarbeit gewonnen werden können. Es handelt sich für sie darum, alte Literatur, insbesondere auch Sagen und Legenden, für oder gemeinsam mit Metallkundlern auszuwerten hinsichtlich ihrer Aussagen über Gewinnung, Verarbeitung usw. des Eisens und des Stahles. Die Wieland-Sage ist ein treffendes Beispiel dafür, was an technischen Dingen in solchen Sagen steckt, wenn die Darstellung auch eine abwegige Form angenommen hat. Eine zweite Aufgabe der Sprachwissenschaftler wäre es, den Metallkundlern zu helfen bei ihren Versuchen, alte Fachausdrücke ihrer Vorfahren hinsichtlich ihrer Entstehung und sogar ihrer ersten Bedeutung zu klären. Es gibt in alten Aufzeichnungen eine Reihe von Bezeichnungen für einzelne Eisen- oder Stahlsorten, deren technische Bedeutung zwar mehr oder weniger festgestellt werden konnte, deren sprachliche Entstehung aber unklar ist. Wie verwickelt das sein kann, sei an einem Beispiel gezeigt. Für Schlacken, die beim Erschmelzen des Eisens und Stahles entstehen, wurde in früheren Zeiten in der Steiermark und in Kärnten die Bezeichnung „Graglach" benutzt. Daß dieses Wort Schlacke bezeichnete, war klar, wie es entstand, war aber nirgendwo angegeben. Ein Zufall brachte es an den Tag: Graglach ist ein slawisches Wort und bedeutet ursprünglich „Dreck" – bei einem alten Eisenschmied eine zwar nicht sehr freundliche, aber doch recht treffende Bezeichnung für Schlacke!

Tafel 1

Härte und chemische Zusammensetzung in den verschiedenen Zonen des makroskopischen Gefügebildes eines alten Eisenkeiles

Lage und Tönung der Zone in Abb. 3 links	*Härte*	*Chemische Zusammensetzung %* Kohlenstoff	Phosphor	Kupfer	Arsen
1. obere dunkle Zone	210–250	0,70	0,048	0,031	0,070
2. an 1) anschließende helle Zone	90–130	0,06	0,069	0,033	0,023
3. Große untere dunkle Zone					
a) linker, besonders dunkler Teil	200–290	0,50	0,162	0,034	0,127
b) diagonaler Streifen von rechts oben nach links unten	90–200	0,20	0,287	0,041	0,146
c) mitteldunkler Teil, rechts von Teil b)	130–170	0,02	0,325	0,042	0,200

Tafel 2

Römischer Brückennagel. – Chemische Analyse an zwei Querschnitts-Flächen

Entnahme-Stelle	*C* %	*Si* %	*Mn* %	*P* %	*S* %	*Cu* %
dickes Ende	0,26	0,07	0,02	0,050	0,008	0,25
Spitze	0,19	0,07	0,01	0,160	0,007	0,24

Tafel 3

Römischer Brückennagel. – Kupfer-Gehalt an verschiedenen Stellen der Schliff-Fläche in Bild 6

Prüfstelle in Abb. 6	*äußerste Spitze*	*Übergang zum dicken Teil*	*dicker Teil*
Cu %	0,56	0,06	0,24

Tafel 4

Gehalt an Schlacken-Einschlüssen in verschiedenen alten Eisen-Erzeugnissen

Art des Erzeugnisses	*Gehalt an Schlacke %*
1. Römischer Brückennagel	
2. Gürtelschließe (1. bis 2. Jahrh. v. Chr.)	0,370
3. Mittelalterliches Baueisen	schwankend zwischen rd. 0,30 und 1,5
4. Stahl aus der Steiermark	meist unter 0,5, vereinzelt bis 0,9

Literaturverzeichnis

(1) *Hanemann, H.:* „Metallographische Untersuchung einiger altkeltischer und antiker Eisenfunde". Intern. Z. f. Metallogr. 1913, S. 248/56 und „Untersuchung von Rohstahl aus der vorrömischen Zeit". Stahl u. Eisen 51 (1931), S. 67/68.

(2) *Pleiner, R.:* „Metallographische Untersuchungen von vor- und frühgeschichtlichen eisernen Gegenständen aus der Tschechoslowakei". Stahl u. Eisen 79 (1959), S. 294/98.

(3) Stahl u. Eisen, demnächst.

(4) *Schürmann, E.:* „Untersuchungen an Nydam-Schwertern". Arch. Eisenhüttenwes. 30 (1959), S. 121/26.

(5) *Schulz, E. H.:* „Die Möglichkeit eines Zusammenhanges zwischen Dreckapotheke und Stahlhärtungsmitteln". Sudhoffs Archiv 42 (1958), S. 62/64.

(6) *Schulz, E. H.:* „Über den Werkstoff des Schweißeisen-Zeitalters". Arch. Eisenhüttenwes. 26 (1955), S. 365/71.

(7) *Johannsen, O.:* „Geschichte des Eisens". 3. Auflage. Düsseldorf. 1953. Verlag Stahleisen.

(8) *Schulz, E. H.:* „Zusammensetzung und Aufbau einiger Metallfunde der Afrika-Expedition von Leo Frobenius 1928/30". Paideuma-Mitteilungen zur Kulturkunde 5 (1950), S. 59/66.

(9) *Wever, F.:* „Das Schwert in Mythos und Handwerk", im gleichen Heft.

(10) *Schulz, E. H.:* „Über die metallkundliche Untersuchung einiger römischer Schwertklingen". Technische Beiträge zur Archäologie I. Mainz 1959, S. 46/64.

Summary

I. The earlier metallographical examinations of ancient iron findings were more or less restricted to the chemical analyses of sometimes rather unselectively chosen sections or chips of such objects and thereby the nonuniform structure of these ancient products was not properly taken into consideration, a feature, however, which for their assessment from an archaeological as well as from a metallographical point of view is indeed of very decisive importance. This nonuniform structure is based on the way the raw material was extracted and processed and above all it is connected with the content and the distribution of carbon and phosphorus. The more recent examinations start from an investigation of the structural composition by way of a close inspection of etched ground surfaces. Only by reason of the thereby arrived at results, further tests as to the degree of hardness and chemical composition are being carried out.

II. In the case of the new tests, carried out according to the latest technical standards, the following possibilities and limitations exist as far as the evaluation of such tests is concerned:

1. From the matallographical examination, unfortunately, no conclusions can be arrived at as far as the age, that is the time of the production of an object is concerned.
2. There is also hardly any possibility to come to any results as far as the definition of the country or locality of origin, in which a particular object was produced, is concerned.
3. On the other hand, however, there are wide openings for findings concerning the manner of production and the processing methods applied to these ancient products wherefrom the state of technical advancement at the various periods, and in the various areas concerned is reflected.

III. The manner of these new testing processes and a number of already obtained individual results are shown by a number of examples especially in the case of the thourough examination of:

a) a nail of a bridge dating from the Roman period;
b) a part of a pair of scissors dating from the 3 rd century which was found in Lower Saxony;
c) of various Roman sword blades.

In this connection quite a number of important discoveries were made as for example about the at a very early stage already executed process of the carburization of soft iron into hardenable steel; about the very different and partly very complicated process for the making of blades by means of a welding – forging process of individual initial strips of soft iron and hard steel; about a very careful scrap economy etc. In these and similar findings one can ascertain very clearly the excellent thoughtprocess of the ancient iron- and steelmasters not only from a technical, but also from an economic point of view.

IV. Necessary and obviously for both parties very success promising is a further energetic intensification of such investigations whereby the already very fruitful cooperation between archaeologists and metallographists can still be more intensified. In this cooperation also language experts should be included.

Résumé

I. Les examens métallurgiques de fers anciens retrouvés dans des fouilles consistaient jadies, presque sans exception, en analyses chimiques faites sur des tronçons ou des copeaux souvent maladroitement prélevés. Il n'était pas tenu compte de la structure irrégulière des produits anciens, qui est pourtant essentielle pour se faire une opinion du point de vue archéologique aussi bien que du point de vue métallurgique. Cette structure irrégulière est due aux procédés d'extraction et d'élaboration; elle dénonce surtout la teneur ainsi que la répartition du carbone et du phosphore. C'est pourquoi les recherches plus récentes sont fondées sur l'examen de la texture en considération de surfaces polies puis corrodées. Ce n'est que sur la base des résultats ainsi obtenus que l'on se livre à des essais de dureté et de composition chimique.

II. Les nouvelles méthodes d'examen présentent les possibilités et les limites suivantes d'exploitation:

1. L'examen métallurgique ne permet malheureusement pas di tirer des conclusions quant à l'âge, donc quant à l'époque de fabrication d'une pièce.

2. Les chances de déterminer la région où la pièce a été faite sont aussi très minimes, mais des progrès seraient peut-être possibles dans ce sens.
3. Mais de vastes perspectives s'ouvrent quant à la détermination des méthodes de fabrication et de transformation qui donnent une idée du « niveau technique » des différentes époques et des différentes régions.

III. Ce rapport expose ce que sont les nouvelles méthodes d'examen et des résultats détaillés, appuyés sur un certain nombre d'exemples de recherches approfondies sur
a) un clou de l'époque romaine,
b) un morceau de ciseaux du IIème siècle de notre ère, trouvé en Basse-Saxe,
c) diverses lames de glaives romains.

Il est ressorti de ces méthodes une quantité de constatations aussi importantes que fondamentales, par exemple sur le procédé déjà très ancien de carburation du fer doux pour le transformer en acier apte à la trempe, sur des procédés très divers et en partie très compliqués de fabrication de lames par forgeage soudant de bandes de fer doux et d'acier dur, sur une savante économie de la ferraille, etc. Ces découvertes, et d'autres du même genre, ont mis en lumière la remarquable intelligence des anciens producteurs de fer et d'acier, du point de vue technique aussi bien que du point de vue économique.

IV. Ces recherches doivent être continuées, car elles promettent des résultats considérables et la coopération entre archéologues et savants métallurgistes devrait être encore approfondie. Il serait utile d'intéresser les linguistes à ces travaux.

Diskussion

Professor Dr.-Ing. Eberhard Schürmann

Wie Herr Kollege Wever bei der Besprechung des Wieland-Schwertes und auch Herr Kollege Schulz bei seinen Ausführungen über die Ergebnisse neuerer metallkundlicher Untersuchungen alter Eisenfunde und in gleicher Weise andere Forscher bei der Untersuchung alter Eisenteile hervorhoben, ist das im Werkstück verschmiedete Eisen häufig in sich sehr unterschiedlich zusammengesetzt und schwankt vornehmlich zwischen kohlenstoffreichen und kohlenstoffarmen Partien innerhalb eines Querschnittes. Auf Grund von zahlreichen – bisher unveröffentlichten – eigenen Untersuchungen alter Eisengegenstände wie auch von drei Nydam-Schwertern kann ich hierzu ergänzend mitteilen, daß sich im allgemeinen die zugehörigen Phosphorgehalte zu den Kohlenstoffwerten gerade gegenläufig verändern.

Dieser zunächst überraschende Befund wird aber verständlich, wenn man das System Eisen-Phosphor-Kohle zur Erklärung heranzieht und dabei dem Zustandsdiagramm z. B. bei 900° C entnehmen muß, daß bei dieser Temperatur ein phosphorreiches α-Eisen mit nur geringen Kohlenstoffgehalten neben einem kohlenstoffhaltigen γ-Eisen mit nur begrenzten Phosphorgehalten existieren kann. Sind daher in einem solchen verarbeiteten Eisen die mittleren Kohlenstoff- und Phosphorgehalte in gerade einer solchen Höhe, daß die Zusammensetzung in das heterogene Gebiet zwischen diesen beiden genannten Phasen des Eisens liegt, dann *müssen* in dem Gefüge diese beiden Zustände des Eisens stabil nebeneinander vorliegen. Sie werden auch bei schneller bis normaler Abkühlung bei Raumtemperatur erhalten bleiben, da das Diffusionsvermögen vornehmlich des Phosphors nicht ausreicht, um den veränderten Gleichgewichtszuständen bei fallender Temperatur schnell genug folgen können.

Die beiden genannten Zustände des Eisens, d. h. also das phosphorreiche α-Eisen und der kohlenstoffstabilisierte γ-Zustand zeigen nun aber ein sehr unterschiedliches Härteverhalten bei schneller Abkühlung. Während das α-Eisen bei einer solchen Abkühlung unverändert weich bleibt, bildet sich bekanntlich aus dem γ-Zustand je nach der Abkühlungsgeschwindigkeit entweder ein perlitisches oder ein martensitisches Gefüge, verbunden mit einer erheblichen Härtesteigerung. Von diesem verschiedenartigen Verhalten des kohlenstoffreichen bzw. phosphorreichen und dann zwangsläufig kohlenstoffarmen Eisens bei einer Glühbehandlung, müssen unsere Vorfahren gewußt haben, ohne sicherlich die Gründe im einzelnen zu kennen; denn gerade die damaszierten Schwerter zeigen, daß in ihnen vornehmlich im damaszierten Teil bewußt weiche, d. h. also im vorstehenden Sinne kohlenstoffarme und sicherlich entsprechend phosphorreiche, nicht härtbare Eisenlagen mit kohlenstoffreichen lagenweise verschweißt und verdrillt wurden, um so den Schwertern neben einer großen Härte auch eine hohe Zähigkeit zu geben.

Die aus dem Zustandsdiagramm Eisen-Phosphor-Kohle abgeleiteten Aussagen über die Möglichkeit der Existenz zweier stabil nebeneinander existierender Phasen des Eisens mit verschiedenen Kohlenstoff- und Phosphorgehalten sind aber nicht nur zur Diskussion des Härteverhaltens der Werkstoffe geeignet, sondern in gleichem Maße auch für das Verständnis der Eisenreduktion im Rennfeuer bedeutsam. Begründen sie doch die Tatsache, daß bei der Reduktion von Erzen je nach dem Ablauf der Reduktion und der Arbeitstemperatur des Ofens sowie vornehmlich den Gehalten an Phosphorsäure in den verhütteten Erzen sowohl phosphorreiches und zwangsläufig kohlenstoffarmes Eisen als auch kohlenstoffreiches und dann mehr oder weniger phosphorarmes Eisen erzeugt werden konnte. Ja, daß selbst aus demselben Erz Eisen mit unterschiedlichen Kohlenstoff- und Phosphorgehalten zu reduzieren war, je nachdem, ob die Phosphorreduktion der Aufkohlung vorauseilte oder umgekehrt.

Da die erfahrensten Eisenverarbeiter offensichtlich das Eisen nach dem Härtungsverhalten zu unterscheiden wußten, möchte ich vermuten, daß auch die Erzeuger zum Teil diese Unterscheidungsmerkmale kannten und dementsprechend durch die Wahl der Erze und der Ofenführung die eine oder andere Art mehr oder weniger bewußt zu erzeugen suchten, wobei auch hier mit Nachdruck zu betonen ist, daß sie sicherlich nicht den Grund kannten, sondern nur aus ihrem reichen Erfahrungsschatz schöpften.

Professor Dr.-Ing. habil. Wilhelm Bischof

Ich kann mir nicht denken, daß man im Mittelalter die Behandlung des Eisens bewußt nach dem Phosphorgehalt einstellen konnte. Die Qualität des Eisens wurde doch wohl nicht nach der Zusammensetzung, sondern nach dem Ort oder der Gegend seiner Herstellung beurteilt. Mit dem Eisen aus der Steiermark, aus Tirol, aus Schmalkalden, aus dem Siegerland usf. waren bestimmte Gütevorstellungen verbunden. Es ist mir eher verständlich, daß die Schmiede zur Erzielung besonderer Effekte Eisensorten verschiedener Gegenden miteinander kombinierten. Es ist natürlich schwierig, Eisenfunde bez. der Herkunft der für ihre Herstellung verwendeten Luppen zu identifizieren. Bei dem im Mittelalter schon stark blühenden Handel braucht die Fundstätte keineswegs der Ort der Erzeugung des Eisens aus dem Erz zu sein. Man sollte vielleicht überlegen, ob man nicht Eisen aus den Erzen der verschiedenen Gegenden, wo es nachgewiesenermaßen erzeugt worden ist, nach den alten Verfahren herstellen und dann spektralanalytisch auf Arsen, Zinn, Antimon, Titan, Kupfer und dgl. untersuchen sollte. An Hand der zweifellos zu erwartenden charakteristischen Spuren- und Begleitelemente könnten geographische Karten angelegt werden, die es dem Historiker erleichtern würden, über die Herkunft von Eisenfunden Näheres auszusagen. Für die Beurteilung des Standes der Technik in der Gegend von Eisenfunden dürfte das von Bedeutung sein.

Professor Dr.-Ing. Ernst Hermann Schulz

Es steht nach meiner Ansicht außer Zweifel, daß die Alten, wenn auch in sehr primitiver Weise, die Eisenerzeugnisse prüften und danach „Sorten" unterschieden. Bereits Plinius unterteilt das weiche Eisen in vier oder fünf Sorten: Das eine sei weich und ohne Bruch zu biegen, das andere sei spröde wie Glas usw. Die alten Schmiede haben zweifellos eine noch sorgfältigere Auswahl getroffen. Als ich vor über einem halben Jahrhundert praktizierte, gab es noch Meister, die von der chemischen Analyse nichts wissen wollten. Sie schmiedeten aus Schmelzproben kleine Stäbe, härteten sie, legten sie auf die Amboßkante und schlugen kunstgerecht mit ganz bestimmter Kraft mit einem Hammer darauf. Je nachdem, wie der Stab brach, fällten sie ihr Urteil, und zwar so genau, daß der Kohlenstoff auf etwa 0,1 % stimmte. In ähnlicher Weise – vielleicht sogar noch kunstvoller – haben die alten Schmiede

Eisen beurteilt. Sie haben vielleicht daraufhin auch getrennte Läger angelegt, das könnte man sich sehr wohl vorstellen.

(Staatssekretär Professor Dr. Brandt: Das mußte man annehmen, wenn ein Schwert aus verschiedenen Teilen zusammengesetzt ist!)

Gerade das spricht sicherlich dafür.

Ferner kann man die Prüfung der Schneidfähigkeit des Schwertes an der im Wasser schwimmenden Wergflocke durch Wieland durchaus als eine „Werkstoffprüfung" ansehen.

Professor Dr.-Ing. Eberhard Schürmann

Sie erwähnten, daß Sie sich nicht vorstellen können, daß man das doch wohl zu unterscheiden wußte. Bitte, bedenken Sie, daß man aus dem gleichen Erz auch unterschiedliche Eisenarten erzeugen könnte. Sie werden wohl kaum zu dem Ergebnis kommen, daß man aus dem Siegerländer Eisen ganz bestimmte Eisenarten herstellen kann oder aus dem Eisen aus Österreich eine ganz bestimmte Zusammensetzung zuordnen können.

Ich hatte einmal Gelegenheit, in Schleswig-Holstein Ausgrabungen mitzumachen und konnte dabei Eisen aus dem gleichen Ofen finden und untersuchen. Wir stellten fest, daß sowohl phosphorreiches als auch kohlenstoffreiches und etwas weniger phosphorhaltiges Eisen vorhanden war. In einem Fall 0,8 % Phosphor und 0,05 % Kohle, im anderen Fall 0,2 % Kohlenstoff und 0,3 % Phosphor. Es ist eine Frage der Reduktionsverhältnisse im Ofen, um aus demselben Erz variable Eisenarten zu bekommen. Ich glaube also, es wird sehr schwer sein, das Eisen bestimmten Räumen zuzuordnen.

Professor Dr.-Ing. habil. Wilhelm Bischof

Die Amerikaner haben einmal den Ausdruck body geprägt. Das ist das, worauf der Stahl aufgebaut ist. Der Kohlenstoff gehört nicht dazu, der Phosphorgehalt auch nicht. Man hat ja früher schon einmal den Standpunkt vertreten, daß der Stahl oder das Eisen etwas chemisch nicht Erfaßbares enthalte, das sich aber in der Qualität auswirke. Z. B. stellte man bei der Herstellung von Badewannen fest, daß Badewannen aus Gattierungen mit Roheisen aus einer bestimmten Gegend gut und aus Gattierungen mit Roheisen aus einer anderen Gegend schlecht waren, obwohl Kohlenstoff- und

Phosphorgehalt sowie die sonstigen Zusammensetzungen der erschmolzenen Gußeisen übereinstimmten; ich meine die sehr geringen Bestandteile, die in den Erzeugungsverfahren nicht oxydieren, also vom Erz an im Eisen verbleiben, könnten Hinweise geben, woher der Stahl gekommen ist. Die oxydierbaren Bestandteile erscheinen mir ungeeignet.

Die Materialprüfung ist so alt wie die Menschheit selbst. Nur hat man früher nicht kausal gedacht. An Bronzen schon aus der Zeit vor Christi Geburt kann man feststellen, daß die Zulegierungen von Zinn unterschiedlich waren. Wenn ich eine Bronze-Verzierung auf ein Bronzegefäß anbringen will, muß der Schmelzpunkt der aufzugießenden Verzierung niedriger sein als der Schmelzpunkt der Bronze der Vase selbst. Durch den Zinngehalt läßt sich nun der Schmelzpunkt einstellen. Das müssen die Alten gewußt haben.

Man findet höhere Zinngehalte bei ganz dünnwandigen Stücken. Das ist schon in der Zeit, als es noch einen Konkurrenzkampf zwischen Eisen und Bronze gab, bekanntgewesen. Die Unterscheidung der Bronze dürfte nicht chemisch, sondern jedenfalls damals durch mechanische Prüfungen erfolgt sein. Also muß es damals schon eine Materialprüfung gegeben haben. Die moderne chemische Materialprüfung gibt es in nennenswertem Umfang ja erst seit 1890. Vor 150 Jahren gab es nur die Verfahren des „Probierens" der Metalle auf ihre Zusammensetzung, Verfahren, die in keiner Weise nach logischen Grundsätzen aufgebaut waren. Als um etwa 1820 die moderne analytische Chemie anfing, hielt man sie für völligen Unsinn, der sich nie durchsetzen würde, das „Probieren" nicht verdrängen könne. Auch von der Spektralanalyse hat man gesagt, sie würde sich nie durchsetzen. Sie hat sich aber durchgesetzt. Die Lötrohrprobierkunde wird heute noch gelehrt. Ich weiß nicht, ob auch in Clausthal. Es ist richtig, daß sie gelehrt wird, aber nach kausalen Regeln und Grundsätzen, was vor 150 Jahren noch nicht der Fall war.

Der Kupfergehalt von 0,5 % scheint mir außerordentlich hoch zu sein. Er kann aber bewußt zugesetzt worden sein. Man weiß, Kupfer ist besser und edler als Eisen, müßte mithin nach damaliger Vorstellung Eisen veredeln können. Bei Siemens-Martin-Stahl hat man sich ja sogar für Silberzusätze Patente erteilen lassen. Mir sind sogar Versuche aus den letzten Jahren bekannt, bei denen man Edelmetalle in kleinen Portiönchen den Eisenschmelzen zusetzte, um deren Qualität zu verbessern.

Wie hat man nun verschiedene Qualitäten beurteilt oder gab es solche überhaupt? Daß es verschiedene Qualitäten im heutigen Sinne gab, ist unwahrscheinlich, aber es gab schon Gütezeichen, die für gute Qualitäten verliehen wurden. Eine solche Verleihung war eine ganz feierliche Angelegenheit. Das Gütezeichen wurde sogar vererbt. Die Fabrikanten, die das Gütezeichen erhalten hatten, hielten ihre Verfahren sehr geheim.

Die Bezeichnung der Qualitäten richtete sich nicht nach der Zusammensetzung, sondern nach den Ortschaften, wo sie hergestellt wurden. Wo mehrere Qualitäten hergestellt wurden, gab es nur „gute" und „schlechte" Ware. Es gab in Solingen z. B. Messegut und Seegut. Das Messegut war das gute Material, das zu den großen Messen, etwa der Frankfurter Messe, geschickt wurde. Das Seegut kam in den Handel mit unzivilisierten Ländern. Aber Qualitätsvorstellungen über die Güte, wie wir sie heute mit zahlenmäßigen Abstufungen haben, hatte man damals noch nicht.

Professor Dr.-Ing. Volker Aschoff

Eine kurze Bemerkung zur Materialprüfung, die vielleicht ein kleiner Hinweis sein kann. Ich glaube, daß bei der alten Generation das Gehör eine viel größere Rolle gespielt hat als heute, und die Schmiede wahrscheinlich aus dem Klang der verschiedenen Proben, den der Hammer auf dem Amboß hervorbrachte, sehr viel mehr entnommen haben als wir heute ahnen.

Dann möchte ich noch eine ganz abseitige Bemerkung machen. Wenn man heute beide Vorträge gehört hat, nimmt man an, daß die ganze Entwicklung der Menschheit sehr eng mit der Entwicklung des Eisens gekoppelt war. Um so mehr bin ich jetzt noch nachträglich über das überrascht, was ich am vergangenen Sonntag in Köln in der Ausstellung „Gold der Inkas" sehen konnte. Die peruanische Kultur hatte in den letzten 2000 Jahren eine hochentwickelte Töpferkultur, ohne Töpferscheibe, eine unwahrscheinlich hochstehende Goldschmiedekunst, eine hohe Webkunst, und man hat dennoch kein Eisen gekannt. Mir ist unbegreiflich, wie man ohne Werkzeug all die Dinge machen konnte.

(Staatssekretär Professor Dr. Brandt: Vielleicht mit Steinwerkzeug!)

– Ich habe mich nicht darüber unterrichten können. Aber wenn man die ganze Ausstellung durchgegangen ist und nachher in den Katalogen nachliest, daß die Leute kein Eisen gekannt haben, dann wird man sehr nachdenklich. Man sieht in der ganzen Ausstellung keine Waffe, nur an einer einzigen Stelle ein hölzernes Gerät, das wie ein Schwert aussieht, aber es könnte auch anderen Zwecken gedient haben.

VERÖFFENTLICHUNGEN DER ARBEITSGEMEINSCHAFT FÜR FORSCHUNG DES LANDES NORDRHEIN-WESTFALEN

NATURWISSENSCHAFTEN

Friedrich Seewald, Aachen	Neue Entwicklungen auf dem Gebiet der Antriebsmaschinen
Friedrich A. F. Schmidt, Aachen	Technischer Stand und Zukunftsaussichten der Verbrennungsmaschinen, insbesondere der Gasturbinen
Rudolf Friedrich, Mülheim (Ruhr)	Möglichkeiten und Voraussetzungen der industriellen Verwertung der Gasturbine
Wolfgang Riezler, Bonn	Probleme der Kernphysik
Fritz Micheel, Münster	Isotope als Forschungsmittel in der Chemie und Biochemie
Emil Lehnartz, Münster	Der Chemismus der Muskelmaschine
Gunther Lehmann, Dortmund	Physiologische Forschung als Voraussetzung der Bestgestaltung der menschlichen Arbeit
Heinrich Kraut, Dortmund	Ernährung und Leistungsfähigkeit
Franz Wever, Düsseldorf	Aufgaben der Eisenforschung
Hermann Schenck, Aachen	Entwicklungslinien des deutschen Eisenhüttenwesens
Max Haas, Aachen	Die wirtschaftliche und technische Bedeutung der Leichtmetalle und ihre Entwicklungsmöglichkeiten
Walter Kikuth, Düsseldorf	Virusforschung
Rolf Danneel, Bonn	Fortschritte der Krebsforschung
Werner Schulemann, Bonn	Wirtschaftliche und organisatorische Gesichtspunkte für die Verbesserung unserer Hochschulforschung
Walter Weizel, Bonn	Die gegenwärtige Situation der Grundlagenforschung in der Physik
Siegfried Strugger, Münster	Das Duplikantenproblem in der Biologie
Fritz Gummert, Essen	Überlegungen zu den Faktoren Raum und Zeit im biologischen Geschehen und Möglichkeiten einer Nutzanwendung
August Götte, Aachen	Steinkohle als Rohstoff und Energiequelle
Karl Ziegler, Mülheim (Ruhr)	Über Arbeiten des Max-Planck-Institutes für Kohlenforschung
Wilhelm Fucks, Aachen	Die Naturwissenschaft, die Technik und der Mensch
Walther Hoffmann, Münster	Wirtschaftliche und soziologische Probleme des technischen Fortschritts
Franz Bollenrath, Aachen	Zur Entwicklung warmfester Werkstoffe
Heinrich Kaiser, Dortmund	Stand spektralanalytischer Prüfverfahren und Folgerung für deutsche Verhältnisse
Hans Braun, Bonn	Möglichkeiten und Grenzen der Resistenzzüchtung
Carl Heinrich Dencker, Bonn	Der Weg der Landwirtschaft von der Energieautarkie zur Fremdenergie
Herwart Opitz, Aachen	Entwicklungslinien der Fertigungstechnik in der Metallbearbeitung
Karl Krekeler, Aachen	Stand und Aussichten der schweißtechnischen Fertigungsverfahren
Hermann Rathert, Wuppertal-Elberfeld	Entwicklung auf dem Gebiet der Chemiefaser-Herstellung
Wilhelm Weltzien, Krefeld	Rohstoff und Veredelung in der Textilwirtschaft
Karl Herz, Frankfurt a. M.	Die technischen Entwicklungstendenzen im elektrischen Nachrichtenwesen
Leo Brandt, Düsseldorf	Navigation und Luftsicherung
Burckhardt Helferich, Bonn	Stand der Enzymchemie und ihre Bedeutung
Hugo Wilhelm Knipping, Köln	Ausschnitt aus der klinischen Carcinomforschung am Beispiel des Lungenkrebses
Abraham Esau †, Aachen	Ortung mit elektrischen und Ultraschallwellen in Technik und Natur
Eugen Flegler, Aachen	Die ferromagnetischen Werkstoffe der Elektrotechnik und ihre neueste Entwicklung
Rudolf Seyffert, Köln	Die Problematik der Distribution
Theodor Beste, Köln	Der Leistungslohn
Friedrich Seewald, Aachen	Die Flugtechnik und ihre Bedeutung für den allgemeinen technischen Fortschritt

Edouard Houdremont †, Essen	Art und Organisation der Forschung in einem Industriekonzern
Werner Schulemann, Bonn	Theorie und Praxis pharmakologischer Forschung
Wilhelm Groth, Bonn	Technische Verfahren zur Isotopentrennung
Kurt Traenckner †, Essen	Entwicklungstendenzen der Gaserzeugung
M. Zvegintzov, London	Wissenschaftliche Forschung und die Auswertung ihrer Ergebnisse Ziel und Tätigkeit der National Research Development Corporation
Alexander King, London	Wissenschaft und internationale Beziehungen
Robert Schwarz, Aachen	Wesen und Bedeutung der Siliciumchemie
Kurt Alder †, Köln	Fortschritte in der Synthese der Kohlenstoffverbindungen
Otto Hahn, Göttingen	Die Bedeutung der Grundlagenforschung für die Wirtschaft
Siegfried Strugger, Münster	Die Erforschung des Wasser- und Nährsalztransportes im Pflanzenkörper mit Hilfe der fluoreszenzmikroskopischen Kinematographie
Johannes von Allesch, Göttingen	Die Bedeutung der Psychologie im öffentlichen Leben
Otto Graf, Dortmund	Triebfedern menschlicher Leistung
Bruno Kuske, Köln	Zur Problematik der wirtschaftswissenschaftlichen Raumforschung
Stephan Prager, Düsseldorf	Städtebau und Landesplanung
Rolf Danneel, Bonn	Über die Wirkungsweise der Erbfaktoren
Kurt Herzog, Krefeld	Der Bewegungsbedarf der menschlichen Gliedmaßengelenke bei der Arbeit
Otto Haxel, Heidelberg	Energiegewinnung aus Kernprozessen
Max Wolf, Düsseldorf	Gegenwartsprobleme der energiewirtschaftlichen Forschung
Friedrich Becker, Bonn	Ultrakurzwellenstrahlung aus dem Weltraum
Hans Straßl, Bonn	Bemerkenswerte Doppelsterne und das Problem der Sternentwicklung
Heinrich Behnke, Münster	Der Strukturwandel der Mathematik in der ersten Hälfte des 20. Jahrhunderts
Emanuel Sperner, Hamburg	Eine mathematische Analyse der Luftdruckverteilungen in großen Gebieten
Oskar Niemczyk, Aachen	Die Problematik gebirgsmechanischer Vorgänge im Steinkohlenbergbau
Wilhelm Ahrens, Krefeld	Die Bedeutung geologischer Forschung für die Wirtschaft, besonders in Nordrhein-Westfalen
Bernhard Rensch, Münster	Das Problem der Residuen bei Lernvorgängen
Hermann Fink, Köln	Über Leberschäden bei der Bestimmung des biologischen Wertes verschiedener Eiweiße von Mikroorganismen
Friedrich Seewald, Aachen	Forschungen auf dem Gebiete der Aerodynamik
Karl Leist, Aachen	Einige Forschungsarbeiten aus der Gasturbinentechnik
Fritz Mietzsch †, Wuppertal	Chemie und wirtschaftliche Bedeutung der Sulfonamide
Gerhard Domagk, Wuppertal	Die experimentellen Grundlagen der bakteriellen Infektionen
Hans Braun, Bonn	Die Verschleppung von Pflanzenkrankheiten und Schädlingen über die Welt
Wilhelm Rudorf, Voldagsen	Der Beitrag von Genetik und Züchtung zur Bekämpfung von Viruskrankheiten der Nutzpflanzen
Volker Aschoff, Aachen	Probleme der elektroakustischen Einkanalübertragung
Herbert Döring, Aachen	Die Erzeugung und Verstärkung von Mikrowellen
Rudolf Schenck, Aachen	Bedingungen und Gang der Kohlenhydratsynthese im Licht
Emil Lehnartz, Münster	Die Endstufen des Stoffabbaues im Organismus
Wilhelm Fucks, Aachen	Mathematische Analyse von Sprachelementen, Sprachstil und Sprachen
Hermann Schenck, Aachen	Gegenwartsprobleme der Eisenindustrie in Deutschland
Eugen Piwowarsky †, Aachen	Gelöste und ungelöste Probleme im Gießereiwesen
Wolfgang Riezler, Bonn	Teilchenbeschleuniger
Gerhard Schubert, Hamburg	Anwendung neuer Strahlenquellen in der Krebstherapie
Franz Lotze, Münster	Probleme der Gebirgsbildung
Colin Cherry, London	Kybernetik. Die Beziehung zwischen Mensch und Maschine
Erich Pietsch, Clausthal-Zellerfeld	Dokumentation und mechanisches Gedächtnis — zur Frage der Ökonomie der geistigen Arbeit
Heinz Haase, Hamburg	Infrarot und seine technischen Anwendungen
Abraham Esau †, Aachen	Der Ultraschall und seine technischen Anwendungen
Fritz Lange, Bochum-Hordel	Die wirtschaftliche und soziale Bedeutung der Silikose im Bergbau
Walter Kikuth und Werner Schliepköter, Düsseldorf	Die Entstehung der Silikose und ihre Verhütungsmaßnahmen
Eberhard Gross, Bonn	Berufskrebs und Krebsforschung
Hugo Wilhelm Knipping, Köln	Die Situation der Krebsforschung vom Standpunkt der Klinik

Gustav-Victor Lachmann, London	An einer neuen Entwicklungsschwelle im Flugzeugbau
A. Gerber, Zürich-Oerlikon	Stand der Entwicklung der Raketen- und Lenktechnik
Theodor Kraus, Köln	Über Lokalisationsphänomene und Ordnungen im Raume
Fritz Gummert, Essen	Vom Ernährungsversuchsfeld der Kohlenstoffbiologischen Forschungsstation Essen
Gerhard Domagk, Wuppertal	Fortschritte auf dem Gebiet der experimentellen Krebsforschung
Giovanni Lampariello, Rom	Das Leben und das Werk von Heinrich Hertz
Walter Weizel, Bonn	Das Problem der Kausalität in der Physik
José Ma Albareda, Madrid	Die Entwicklung der Forschung in Spanien
Burckhardt Helferich, Bonn	Über Glykoside
Fritz Micheel, Münster	Kohlenhydrat-Eiweißverbindungen und ihre biochemische Bedeutung
John von Neumann †, Princeton, USA	Entwicklung und Ausnutzung neuerer mathematischer Maschinen
Eduard Stiefel, Zürich	Rechenautomaten im Dienste der Technik
Wilhelm Weltzien, Krefeld	Ausblick auf die Entwicklung synthetischer Fasern
Walther Hoffmann, Münster	Wachstumsprobleme der Wirtschaft
Leo Brandt, Düsseldorf	Die praktische Förderung der Forschung in Nordrhein-Westfalen
Ludwig Raiser, Bad Godesberg	Die Förderung der angewandten Forschung durch die Deutsche Forschungsgemeinschaft
Hermann Tromp, Rom	Die Bestandsaufnahme der Wälder der Welt als internationale und wissenschaftliche Aufgabe
Franz Heske, Schloß Reinbek	Die Wohlfahrtswirkungen des Waldes als internationales Problem
Günther Bohnecke, Hamburg	Zeitfragen der Ozeanographie
Heinz Gabler, Hamburg	Nautische Technik und Schiffssicherheit
Fritz A. F. Schmidt, Aachen	Probleme der Selbstzündung und Verbrennung bei der Entwicklung der Hochleistungskraftmaschinen
August-Wilhelm Quick, Aachen	Ein Verfahren zur Untersuchung des Austauschvorganges in verwirbelten Strömungen hinter Körpern mit abgelöster Strömung
Johannes Pätzold, Erlangen	Therapeutische Anwendung mechanischer und elektrischer Energie
F. A. W. Patmore, London	Der Air Registration Board und seine Aufgaben im Dienst der britischen Flugzeugindustrie
A. D. Young, London	Gestaltung der Lehrtätigkeit in der Luftfahrttechnik in Großbritannien
D. C. Martin, London	Geschichte und Organisation der Royal Society
A. J. A. Roux, Südafrika	Probleme der wissenschaftlichen Forschung in der Südafrikanischen Union
Georg Schnadel, Hamburg	Forschungsaufgaben zur Untersuchung der Festigkeitsprobleme im Schiffsbau
Wilhelm Sturtzel, Duisburg	Forschungsaufgaben zur Untersuchung der Widerstandsprobleme im See- und Binnenschiffbau
Giovanni Lampariello, Rom	Von Galilei zu Einstein
Walter Dieminger, Lindau/Harz	Ionosphäre und drahtloser Weitverkehr
Sir John Cockcroft, London	Die friedliche Anwendung der Atomenergie
Fritz Schultz-Grunow, Aachen	Das Kriechen und Fließen hochzäher und plastischer Stoffe
Hans Ebner, Aachen	Wege und Ziele der Festigkeitsforschung, besonders im Hinblick auf den Leichtbau
Ernst Derra, Düsseldorf	Der Entwicklungsstand der Herzchirurgie
Gunther Lehmann, Dortmund	Muskelarbeit und Muskelermüdung in Theorie und Praxis
Theodor von Kármán, Pasadena	Freiheit und Organisation in der Luftfahrtforschung
Leo Brandt, Düsseldorf	Bericht über den Wiederbeginn deutscher Luftfahrtforschung
Fritz Schröter, Ulm	Neue Forschungs- und Entwicklungsrichtungen im Fernsehen
Albert Narath, Berlin	Der gegenwärtige Stand der Filmtechnik
Richard Courant, New York	Die Bedeutung der modernen mathematischen Rechenmaschinen für mathematische Probleme der Hydrodynamik und Reaktortechnik
Ernst Peschl, Bonn	Die Rolle der komplexen Zahlen in der Mathematik und die Bedeutung der komplexen Analysis
Wolfgang Flaig, Braunschweig	Zur Grundlagenforschung auf dem Gebiet des Humus und der Bodenfruchtbarkeit
Eduard Mückenhausen, Bonn	Typologische Bodenentwicklung und Bodenfruchtbarkeit
Walter Georgii, München	Aerophysikalische Flugforschung

Klaus Oswatitsch, Aachen	Gelöste und ungelöste Probleme der Gasdynamik
A. Butenandt, Tübingen	Über die Analyse der Erbfaktorenwirkung und ihre Bedeutung für biochemische Fragestellungen
J. Straub, Köln	Quantitative Genwirkung bei Polyploiden
Oskar Morgenstern, Princeton, USA	Der theoretische Unterbau der Wirtschaftspolitik
Bernhard Rensch, Münster	Die stammesgeschichtliche Sonderstellung des Menschen
Wilhelm Tönnis, Köln	Die neuzeitliche Behandlung frischer Schädelhirnverletzungen
Siegfried Strugger, Münster	Die elektronenmikroskopische Darstellung der Feinstruktur des Protoplasmas mit Hilfe der Uranylmethode und die zukünftige Bedeutung für die Erforschung der Strahlenwirkung
Wilhelm Fucks, Aachen	Bildliche Darstellung der Verteilung und der Bewegung von radioaktiven Substanzen im Raum, insbesondere von biologischen Objekten (Physikalischer Teil)
Hugo Wilhelm Knipping und Erich Liese, Köln	Bildgebung von Radioisotopenelementen im Raum bei bewegten Objekten (Herz, Lungen etc.) (Medizinischer Teil)
Friedrich Paneth †, Mainz	Die Bedeutung der Isotopenforschung für geochemische und kosmochemische Probleme
J. Hans D. Jensen und H. A. Weidenmüller, Heidelberg	Die Nichterhaltung der Parität
Francis Perrin, Paris	Die Verwendung der Atomenergie für industrielle Zwecke
Hans Lorenz, Berlin	Forschungsergebnisse auf dem Gebiete der Bodenmechanik als Wegbereiter für Gründungsverfahren
Georg Garbotz, Aachen	Die Bedeutung der Baumaschinen- und Baubetriebsforschung für die Praxis
Maurice Roy, Chatillon	Luftfahrtforschung in Frankreich und ihre Perspektiven im Rahmen Europas
Alexander Naumann, Aachen	Methoden und Ergebnisse der Windkanalforschung
Sir Harry Melville, K.C.B., F.R.S., London	Die Anwendung von radioaktiven Isotopen und hoher Energiestrahlung in der polymeren Chemie
Eduard Justi, Braunschweig	Elektrothermische Kühlung und Heizung. Grundlagen und Möglichkeiten
Richard Vieweg, Braunschweig	Maß und Messen in Geschichte und Gegenwart
Fritz Baade, Kiel	Gesamtdeutschland und die Integration Europas
Günther Schmölders, Köln	Ökonomische Verhaltensforschung
Rudolf Wille, Berlin	Modellvorstellungen zur Behandlung des Übergangs laminar — turbulent, hergeleitet aus Versuchen an Freistrahlen und Flachwasserströmungen
Josef Meixner, Aachen	Neuere Entwicklung der Thermodynamik
A. Gustafsson, Diter von Wettstein und Lars Ehrenberg, Stockholm	Mutationsforschung und Züchtung
Josef Straub, Köln	Mutationsauslösung durch ionisierende Strahlung
Martin Kersten, Aachen	Neuere Versuche zur physikalischen Deutung technischer Magnetisierungsvorgänge
Günther Leibfried, Aachen	Zur Theorie idealer Kristalle
W. Klemm, Münster	Neue Wertigkeitsstufen bei den Übergangselementen
H. Zahn, Aachen	Die Wollforschung in Chemie und Physik von heute
Henri Cartan, Paris	Nicolas Bourbaki und die heutige Mathematik
Harald Cramér, Stockholm	Aus der neueren mathematischen Wahrscheinlichkeitslehre
Georg Melchers, Tübingen	Die Bedeutung der Virusforschung für die moderne Genetik
Alfred Kühn, Tübingen	Über die Wirkungsweise von Erbfaktoren
Fréderic Ludwig, Paris	Experimentelle Studien über die Distanzeffekte in bestrahlten vielzelligen Organismen
A. H. W. Aten jr., Amsterdam	Die Anwendung radioaktiver Isotope in der chemischen Forschung
Hans Herloff Inhoffen, Braunschweig	Chemische Übergänge von Gallensäuren in cancerogene Stoffe und ihre möglichen Beziehungen zum Krebsproblem
Rolf Danneel, Bonn	Entstehung, Funktion und Feinbau der Mitochondrien
Max Born, Bad Pyrmont	Der Realitätsbegriff in der Physik
Joachim Wüstenberg	Der gegenwärtige ärztliche Standpunkt zum Problem der Beeinflussung der Gesundheit durch Luftverunreinigungen
Paul Schmidt, München	Periodisch wiederholte Zündungen durch Stoßwellen

Walter Kikuth, Düsseldorf	Die Infektionskrankheiten im Spiegel historischer und neuzeitlicher Betrachtungen
R. Jung, Aachen	Die geodätische Erschließung Kanadas mit Hilfe der elektronischen Entfernungsmessung
H. E. Schwiete, Aachen	Ein zweites Steinzeitalter? — Gesteinshüttenkunde früher und heute
Horst Rothe, Karlsruhe	Der Molekular-Verstärker und seine Anwendung
Roland Lindner, Göteborg	Atomkernforschung und Chemie, aktuelle Probleme
Paul Denzel, Aachen	Technische Probleme der Energieumwandlung und -fortleitung
J. Capelle	Der Stand der Ingenieurausbildung in Frankreich
Friedrich Panse, Düsseldorf	Klinische Psychologie, ein psychiatrisches Bedürfnis
Heinrich Kraut, Dortmund	Die Deckung des Bedarfs an Vitaminen und Mineralstoffen in der Bundesrepublik
Max Haas, Aachen	Neuzeitliche Erkenntnisse aus der Geschichte der Leichtmetalle
Wilhelm Bischof Dortmund	Materialprüfung — Praxis und Wissenschaft

VERÖFFENTLICHUNGEN DER ARBEITSGEMEINSCHAFT FÜR FORSCHUNG DES LANDES NORDRHEIN-WESTFALEN

GEISTESWISSENSCHAFTEN

Werner Richter, Bonn	Von der Bedeutung der Geisteswissenschaften für die Bildung unserer Zeit
Joachim Ritter, Münster	Die Lehre vom Ursprung und Sinn der Theorie bei Aristoteles
Josef Kroll, Köln	Elysium
Günther Jachmann, Köln	Die vierte Ekloge Vergils
Hans Erich Stier, Münster	Die klassische Demokratie
Werner Caskel, Köln	Lihyan und Lihyanisch. Sprache und Kultur eines früharabischen Königreiches
Thomas Ohm, Münster	Stammesreligionen im südlichen Tanganyika-Territorium
Georg Schreiber, Münster	Deutsche Wissenschaftspolitik von Bismarck bis zum Atomwissenschaftler Otto Hahn
Walter Holtzmann, Bonn	Das mittelalterliche Imperium und die werdenden Nationen
Werner Caskel, Köln	Die Bedeutung der Beduinen in der Geschichte der Araber
Georg Schreiber, Münster	Irland im deutschen und abendländischen Sakralraum
Peter Rassow, Köln	Forschungen zur Reichs-Idee im 16. und 17. Jahrhundert
Hans Erich Stier, Münster	Roms Aufstieg zur Weltmacht und die griechische Welt
Karl Heinrich Rengstorf, Münster	Mann und Frau im Urchristentum
Hermann Conrad, Bonn	Grundprobleme einer Reform des Familienrechtes
Max Braubach, Bonn	Der Weg zum 20. Juli 1944 — Ein Forschungsbericht
Paul Hübinger, Münster	Das deutsch-französische Verhältnis und seine mittelalterlichen Grundlagen
Franz Steinbach, Bonn	Der geschichtliche Weg des wirtschaftenden Menschen in die soziale Freiheit und politische Verantwortung
Josef Koch, Köln	Die Ars coniecturalis des Nikolaus von Kues
James B. Conant, USA	Staatsbürger und Wissenschaftler
Karl Heinrich Rengstorf, Münster	Antike und Christentum
Richard Alewyn, Köln	Klopstocks Publikum
Fritz Schalk, Köln	Das Lächerliche in der französischen Literatur des Ancien Régime
Ludwig Raiser, Bad Godesberg	Rechtsfragen der Mitbestimmung
Martin Noth, Bonn	Das Geschichtsverständnis der alttestamentlichen Apokalyptik
Walter F. Schirmer, Bonn	Glück und Ende der Könige in Shakespeares Historien
Theodor Klauser, Bonn	Die römische Petrustradition im Lichte der neuen Ausgrabungen unter der Peterskirche
Hans Peters, Köln	Die Gewaltentrennung in moderner Sicht
Fritz Schalk, Köln	Calderon und die Mythologie
Josef Kroll, Köln	Vom Leben geflügelter Worte
Thomas Ohm, Münster	Die Religionen in Asien
Johann Leo Weisgerber, Bonn	Die Ordnung der Sprache im persönlichen und öffentlichen Leben
Werner Caskel, Köln	Entdeckungen in Arabien
Max Braubach, Bonn	Landesgeschichtliche Bestrebungen und historische Vereine im Rheinland
Fritz Schalk, Köln	Somnium und verwandte Wörter in den romanischen Sprachen
Friedrich Dessauer, Frankfurt a. M.	Reflexionen über Erbe und Zukunft des Abendlandes
Thomas Ohm, Münster	Ruhe und Frömmigkeit
Hermann Conrad, Bonn	Die mittelalterliche Besiedlung des deutschen Ostens und das Deutsche Recht
Hans Sckommodau, Köln	Die religiösen Dichtungen Margaretes von Navarra
Herbert von Einem, Bonn	Der Mainzer Kopf mit der Binde
Joseph Höffner, Münster	Statik und Dynamik in der scholastischen Wirtschaftsethik
Fritz Schalk, Köln	Diderots Essai über Claudius und Nero
Gerhard Kegel Köln	Probleme des internationalen Enteignungs- und Währungsrechts
Johann Leo Weisgerber Bonn	Die Grenzen der Schrift — Der Kern der Rechtschreibereform
Richard Alewyn Köln	Von der Empfindsamkeit der Romantik

Theodor Schieder Köln	Die Probleme des Rapallo-Vertrages. Eine Studie über die deutsch-russischen Beziehungen 1922—1926
Andreas Rumpf, Köln	Stilphasen der spätantiken Kunst
Ulrich Luck, Münster	Kerygma und Tradition in der Hermeneutik Adolf Schlatters
Walther Holtzmann, Rom	Das Deutsche historische Institut in Rom
Graf Wolff Metternich Rom	Die Bibliotheca Hertziana und der Palazzo Zuccari zu Rom
Harry Westermann, Münster	Person und Persönlichkeit als Wert im Zivilrecht
Johann Leo Weisgerber, Bonn	Die Namen der Ubier
Friedrich Karl Schumann, Münster	Mythos und Technik
Karl Heinrich Rengstorf, Münster	Die Anfänge des Diakonats
Georg Schreiber, Münster	Der Bergbau in Geschichte, Ethos und Sakralkultur
Hans J. Wolff, Münster	Die Rechtsgestalt der Universität
Heinrich Vogt, Bonn	Schadenersatzprobleme im Verhältnis von Haftungsgrund und Schaden
Max Braubach, Bonn	Der Einmarsch deutscher Truppen in die entmilitarisierte Zone am Rhein im März 1936. Ein Beitrag zur Vorgeschichte des zweiten Weltkrieges
Herbert von Einem, Bonn	Die „Menschwerdung Christi" des Isenheimer Altares
Ernst Joseph Cohn, London	Der englische Gerichtstag
Albert Woopen, Aachen	Die Zivilehe und der Grundsatz der Unauflöslichkeit der Ehe in der Entwicklung des italienischen Zivilrechts
Karl Kerényi, Ascona	Die Herkunft der Dionysosreligion nach dem heutigen Stand der Forschung
Herbert Jankuhn, Kiel	Die Ausgrabungen in Haithabu und ihre Bedeutung für die Handelsgeschichte des frühen Mittelalters
Stephan Skalweit, Bonn	Edmund Burke und Frankreich
Ulrich Scheuner, Bonn	Die Neutralität im heutigen Völkerrecht
Anton Moortgat, Berlin	Archäologische Forschungen der Max-Freiherr-von-Oppenheim-Stiftung im nördlichen Mesopotamien 1955
Joachim Ritter, Münster	Hegel und die französische Revolution
Hermann Conrad und Carl Arnold Willemsen, Bonn	Die Konstitutionen von Melfi Friedrichs II. von Hohenstaufen (1231)
Georg Schreiber, Münster	Der Islam und das christliche Abendland
Werner Conze, Münster	Die Strukturgeschichte des technisch-industriellen Zeitalters als Aufgabe für Forschung und Unterricht
Gerhard Hess, Heidelberg	Zur Entstehung der „Maximen" La Rochefoucaulds
Fritz Schalk, Köln	Poetica de Aristoteles traducia de latin. Illustrada y commentado por Juan Pablo Martiz Rizo (Erste kritische Ausgabe des spanischen Textes)
Ernst Langlotz, Bonn	Perseus, Dokumentation der Wiedergewinnung eines Meisterwerkes der griechischen Plastik
Geo Widengren, Uppsala	Iranisch-semitische Kulturbegegnung in parthischer Zeit
Josef M. Wintrich, Karlsruhe	Zur Problematik der Grundrechte
Josef Pieper, Essen	Über den Begriff der Tradition
Walter F. Schirmer, Bonn	Die frühen Darstellungen des Arthurstoffes
William Lloyd Prosser, Berkeley	Kausalzusammenhang und Fahrlässigkeit
Johann Leo Weisgerber, Bonn	Verschiebung in der sprachlichen Einschätzung von Menschen und Sachen
Walter H. Bruford, Cambridge	Fürstin Gallitzin und Goethe. Das Selbstvervollkommnungsideal und seine Grenze
Hermann Conrad, Bonn	Die geistigen Grundlagen des Allgemeinen Landrechts für die preußischen Staaten von 1794
Herbert von Einem, Bonn	Asmus Jacob Carstens, Die Nacht mit ihren Kindern
Paul Gieseke, Bad Godesberg	Eigentum und Grundwasser
Werner Richter, Bonn	Wissenschaft und Geist in der Weimarer Republik
Johann Leo Weisgerber, Bonn	Sprachenrecht und europäische Einheit
Otto Kirchheimer, New York	Gegenwartsprobleme der Asylgewährung
Alexander Knur, Bad Godesberg	Probleme der Zugewinngemeinschaft
Helmut Coing, Frankfurt a. M.	Die juristischen Auslegungsmethoden und die Lehren der allgemeinen Hermeneutik
André George, Paris	Der Humanismus und die Krise der Welt von heute
Harald von Petrikovits, Bonn	Das römische Rheinland. Archäologische Forschungen seit 1945

VERÖFFENTLICHUNGEN DER ARBEITSGEMEINSCHAFT FÜR FORSCHUNG DES LANDES NORDRHEIN-WESTFALEN

WISSENSCHAFTLICHE ABHANDLUNGEN

Wolfgang Priester, H.-G. Bennewitz und P. Lengrüßer, Bonn	Radiobeobachtungen des ersten künstlichen Erdsatelliten
Leo Weisgerber, Bonn	Verschiebung in der sprachlichen Einschätzung von Menschen und Sachen
Erich Meuthen, Marburg	Die letzten Jahre des Nikolaus von Kues
Hans Georg Kirchhoff, Rommerskirchen	Die staatliche Sozialpolitik im Ruhrbergbau 1871—1914
Günther Jachmann, Köln	Der homerische Schiffskatalog und die Ilias
Peter Hartmann, Münster	Das Wort als Name
Anton Moortgat, Berlin	Archäologische Forschungen der Max-Freiherr-von-Oppenheim-Stiftung im nördlichen Mesopotamien 1956
Wolfgang Priester und Gerhard Hergenhahn, Bonn	Bahnbestimmungen von Erdsatelliten aus Doppler-Effekt-Messungen
Harry Westermann, Münster	Welche gesetzlichen Maßnahmen zur Luftreinhaltung und zur Verbesserung des Nachbarrechts sind erforderlich?
Hermann Conrad und Gerd Kleinheyer, Bonn	Carl Gottlieb Svarez 1746—1796. Vorträge über Recht und Staat
Georg Schreiber, Münster	Die Wochentage im Erlebnis der Ostkirche und des christlichen Abendlandes
Günter Bandmann, Bonn	Melancholie und Musik
W. Goerdt, Münster	Fragen der Philosophie. Ein Materialbeitrag zur Erforschung der Sowjetphilosophie im Spiegel der Zeitschrift „Voprosy Filosofii“ 1947—1956

SONDERHEFTE

Josef Pieper, Münster	Über den Philosophie-Begriff Platons
Walter Weizel, Bonn	Die Mathematik und die physikalische Realität
Gunther Lehmann, Dortmund	Arbeit bei hohen Temperaturen
Hans Kauffmann, Köln	Italienische Frührenaissance
—	18 neue Forschungsstellen im Land Nordrhein-Westfalen
—	Wissenschaft in Not

GPSR Compliance

The European Union's (EU) General Product Safety Regulation (GPSR) is a set of rules that requires consumer products to be safe and our obligations to ensure this.

If you have any concerns about our products, you can contact us on ProductSafety@springernature.com

In case Publisher is established outside the EU, the EU authorized representative is:

Springer Nature Customer Service Center GmbH
Europaplatz 3
69115 Heidelberg, Germany

Batch number: 10584556

Printed by Printforce, the Netherlands